Nathalie Homlong
Elisabeth Springler

Umweltherausforderungen und -potentiale in Vietnam und Kambodscha

Nathalie Homlong
Elisabeth Springler

Umweltherausforderungen und -potentiale in Vietnam und Kambodscha

Investitions- und Projektmöglichkeiten für österreichische Umwelttechnologieunternehmen

Südwestdeutscher Verlag für Hochschulschriften

Impressum / Imprint
Bibliografische Information der Deutschen Nationalbibliothek: Die Deutsche Nationalbibliothek verzeichnet diese Publikation in der Deutschen Nationalbibliografie; detaillierte bibliografische Daten sind im Internet über http://dnb.d-nb.de abrufbar.
Alle in diesem Buch genannten Marken und Produktnamen unterliegen warenzeichen-, marken- oder patentrechtlichem Schutz bzw. sind Warenzeichen oder eingetragene Warenzeichen der jeweiligen Inhaber. Die Wiedergabe von Marken, Produktnamen, Gebrauchsnamen, Handelsnamen, Warenbezeichnungen u.s.w. in diesem Werk berechtigt auch ohne besondere Kennzeichnung nicht zu der Annahme, dass solche Namen im Sinne der Warenzeichen- und Markenschutzgesetzgebung als frei zu betrachten wären und daher von jedermann benutzt werden dürften.

Bibliographic information published by the Deutsche Nationalbibliothek: The Deutsche Nationalbibliothek lists this publication in the Deutsche Nationalbibliografie; detailed bibliographic data are available in the Internet at http://dnb.d-nb.de.
Any brand names and product names mentioned in this book are subject to trademark, brand or patent protection and are trademarks or registered trademarks of their respective holders. The use of brand names, product names, common names, trade names, product descriptions etc. even without a particular marking in this works is in no way to be construed to mean that such names may be regarded as unrestricted in respect of trademark and brand protection legislation and could thus be used by anyone.

Verlag / Publisher:
Südwestdeutscher Verlag für Hochschulschriften
ist ein Imprint der / is a trademark of
AV Akademikerverlag GmbH & Co. KG
Heinrich-Böcking-Str. 6-8, 66121 Saarbrücken, Deutschland / Germany
Email: info@svh-verlag.de

Herstellung: siehe letzte Seite /
Printed at: see last page
ISBN: 978-3-8381-3413-0

Copyright © 2012 AV Akademikerverlag GmbH & Co. KG
Alle Rechte vorbehalten. / All rights reserved. Saarbrücken 2012

Vorwort

Die Autorinnen haben während eines Aufenthaltes in Kambodscha Ende 2010 und eines Aufenthaltes in Vietnam 2011 zahlreiche Interviews mit Experten von Ministerien und anderen staatlichen Stellen, Unternehmen und NGOs durchgeführt. Diese Gespräche haben uns einen tiefgehenden Einblick sowohl in Herausforderungen, als auch in Möglichkeiten für Geschäftstätigkeit für Umwelttechnologieunternehmen, wie auch in andere wichtige Aspekte von Staat und Gesellschaft in diesen beiden Ländern gegeben. Unser Dank gilt an dieser Stelle allen Interviewpartnern dafür, dass sie ihr Wissen und ihre Erfahrung mit uns geteilt haben.

Unseren besonderen Dank möchten wir dem Bundesministerium für Land- und Forstwirtschaft, Umwelt und Wasserwirtschaft und vor allem Frau Mag. Elfriede More, sowie ihren Mitarbeiterinnen Frau Britta Jedinger und Frau Waltraud Ragendorfer von der Sektion V. für ihre stetige Unterstützung bei dem Projekt, welches die Grundlage für dieses Buch darstellt, aussprechen.

Nathalie Homlong
Elisabeth Springler

Inhaltsverzeichnis

Vorwort 1
Inhaltsverzeichnis 3
Interviewverzeichnis 7
    Interviews Vietnam 7
    Interviews Kambodscha 8
Abbildungs- und Tabellenverzeichnis 11
Abkürzungsverzeichnis 13
1. Einleitung 17
    Literatur zu Kapitel 1 19
2. Wirtschaftliche und sozioökonomische Grundlagen 21
    2.1. Wirtschaft in Vietnam 21
        2.1.1. Wirtschaftsentwicklung und Wirtschaftssektoren 21
        2.1.2. Geld und Preisentwicklung 22
        2.1.3. Beschäftigung und sozialer Rahmen 23
        2.1.4. Außenwirtschaft 24
    2.2. Regionale Daten Vietnam 26
        2.2.1. Geographische Daten und Bevölkerung 26
        2.2.2. Vietnams Regionen und regionale Disparitäten 27
    2.3. Wirtschaft in Kambodscha 29
        2.3.1. Wirtschaftsentwicklung und Wirtschaftssektoren 30
        2.3.2. Geld und Preisentwicklung 31
        2.3.3. Beschäftigung und sozialer Rahmen 31
        2.3.4. Außenwirtschaft 32
    2.4. Regionale Daten Kambodscha 33
        2.4.1. Geographische Daten und Bevölkerung 33
        2.4.2. Kambodschas Regionen und regionale Disparitäten 35
    Literatur zu Kapitel 2 36
3. Vietnam – Umweltprobleme, Maßnahmen und Potentiale 41
    3.1. Umweltschutzverwaltung 41
        3.1.1. Struktur der Umweltschutzverwaltung 41
        3.1.2. Grundlagen des Umweltrechts 42
        3.1.3. Investitionen für Umweltschutz 43

3.2. Wasser 43
    3.2.1. Umweltprobleme im Bereich Wasser 43
    3.2.2. Rechtliche und administrative Grundlagen im Bereich Wasser 49
    3.2.3. Staatliche Maßnahmen 51
    3.2.4. Potentiale im Bereich Wasser 53
3.3. Abfall 55
    3.3.1. Umweltprobleme im Bereich Abfall 55
    3.3.2. Rechtliche und administrative Grundlagen und staatliche Maßnahmen im Bereich Abfall 61
    3.3.3. Potentiale im Bereich Abfall 66
3.4. Luftverschmutzung 67
    3.4.1. Umweltprobleme im Bereich Luftverschmutzung 67
    3.4.2. Rechtliche und administrative Grundlagen im Bereich Luftverschmutzung 70
    3.4.3. Staatliche Maßnahmen im Bereich Luftverschmutzung 71
    3.4.4. Potentiale im Bereich Luftreinhaltung 74
3.5. Energie 77
    3.5.1. Umweltprobleme im Bereich Energie 77
    3.5.2. Rechtliche und administrative Grundlagen 82
    3.5.3. Staatliche Maßnahmen 82
    3.5.4. Potentiale im Bereich Energie in Vietnam 86
3.6. Finanzierungsmöglichkeiten von Umweltprojekten in Vietnam 88
    3.6.1. Finanzierungen in Österreich 88
    3.6.2. Nationale Finanzierungen in Vietnam 90
    3.6.3. Internationale Finanzierungen für Vietnam 91
3.7. Nützliche Websites und Kontaktinformationen 92
    3.7.1. Vietnamesische Institutionen und Behörden 92
    3.7.2. Internationale Institutionen 92
    3.7.3. Unternehmen 92
    3.7.4. Österreichische Vertretungen 93
Literatur zu Kapitel 3 94
Interviews in Kapitel 3 101
4. Kambodscha – Umweltprobleme, Maßnahmen und Potentiale 103
    4.1. Umweltschutzverwaltung und Umweltrecht 103
        4.1.1. Struktur der Umweltschutzverwaltung 103

4.1.2. Grundlagen des Umweltrechts 103
4.2. Wasser 104
    4.2.1 Umweltprobleme im Bereich Wasser 104
    4.2.2. Rechtliche und administrative Grundlagen im Bereich Wasser 111
    4.2.3. Staatliche Maßnahmen 112
    4.2.4. Potentiale im Bereich Wasser 114
4.3. Abfall.. 115
    4.3.1. Umweltprobleme im Bereich Abfall 115
    4.3.2. Rechtliche und administrative Grundlagen im Bereich Abfall 118
    4.3.3. Staatliche Maßnahmen 120
    4.3.4. Potentiale im Bereich Abfall 121
4.4 Luftverschmutzung 121
    4.4.1. Umweltprobleme im Bereich Luftverschmutzung 122
    4.4.2. Rechtliche und administrative Grundlagen im Bereich
    Luftverschmutzung 124
    4.4.3. Staatliche Maßnahmen im Bereich Luftverschmutzung 125
    4.4.4. Potentiale im Bereich Luftreinhaltung 126
4.5. Energie 128
    4.5.1. Umweltprobleme im Bereich Energie 128
    4.5.2. Rechtliche und administrative Grundlagen 132
    4.5.3. Staatliche Maßnahmen 133
    4.5.4. Potentiale im Bereich Energie in Kambodscha 133
4.6. Finanzierungsmöglichkeiten von Umweltprojekten in Kambodscha 135
    4.6.1. Finanzierungen in Österreich 136
    4.6.2. Nationale Finanzierungen in Kambodscha 136
    4.6.3. Internationale Finanzierungen für Kambodscha 136
4.7. Nützliche Websites 137
    4.7.1. Kambodschanische Institutionen und Behörden 137
    4.7.2. Internationale Institutionen und NGOs 137
    4.7.3. Österreichische Vertretungen 138
Literatur zu Kapitel 4 139
Interviews zu Kapitel 4 144
5. Herausforderungen und Möglichkeiten in Vietnam und Kambodscha -
Einschätzungen von Experten 147
    5.1. Vietnam 147

5.1.1. Vorteile Geschäftstätigkeit Vietnam 147
5.1.2. Herausforderungen und Probleme 148
5.2. Kambodscha 149
5.2.1. Vorteile Geschäftstätigkeit Kambodscha 149
5.2.2. Herausforderungen und Probleme 150
Anhänge 153
   Anhang 1 153
   Anhang 2 156
Stichwortverzeichnis 159

Interviewverzeichnis

Interviews Vietnam

Beranek, Florian, Chief Technical Advisor CSR, UNIDO, persönliches Interview Hanoi 18.02.2011

Bui, Tuan Hung, Sales & Application, Marketing Engineer, Andritz Singapore, persönliches Interview Ho Chi Minh City, 08.02.2011

Bruck, Aregai, Senior Advisor / Program Leader Water, Sanitation and Hygiene (WASH), Netherlands Development Organisation (SNV), persönliches Interview Hanoi, 11.02.2011

Dang, Quang Hung, International Cooperation, National Academy for Environmental Technology, persönliches Interview Hanoi, 15.02.2011

Dao, Ha Trung, Honorary Consul of the Republic of Austria, persönliches Interview Ho Chi Minh City, 09.02.2011

Dau, Hong Ha, Chief Representative, VAMED Engineering, persönliches Interview Hanoi, 16.02.2011

Do, Thi Huyen, Programme Analyst, Biodiversity and Climate Change, United Nations Development Programme, persönliches Interview Hanoi, 16.02.2011

Duong, Tich Duc, President, Duc Phong Technology and Automation Corporation (Joint Venture mit B&R Engineering), Interview per email, 12.02.2011

Frings, Torsten, Director, Globalwerks Tech und Deputy General Director, MCEETECH, persönliches Interview Ho Chi Minh City, 08.02.2011

Gressel, Gustav, Österreichischer Außenhandelsdelegierter, persönliches Interview Bangkok, 15.11.2010

Ha, Duc Vy, Consultant to the Commercial Counsellor, Advantage Austria, persönliches Interview Ho Chi Minh City, 09.02.1011

Heindl, Georg, Botschafter, Österreichische Botschaft, persönliches Interview Hanoi, 18.02.2011

Huynh, Tan Hung, Regional Sales Manager, Battenfield Cincinnati Extrusion, persönliches Interview Ho Chi Minh City, 10.02.2011

Laiyakosit, Kasien, Managing Director, Linde Gas, persönliches Interview Ho Chi Minh City, 09.02.1011

Le, Thi Thanh Thao, National Programme Officer, UNIDO, persönliches Interview Hanoi, 18.02.2011

Mantsch, Konstanze, Deputy Head of Mission, Österreichische Botschaft, persönliches Interview Hanoi, 18.02.2011

Nguyen, Duc Linh, Desk Officer, European Department, Socialist Republic of

Vietnam Ministry of Foreign Affairs, persönliches Interview Hanoi, 15.02.2011

Nguyen, Minh Hieng, Marketing Manager, Advantage Austria, persönliches Interview Ho Chi Minh City, 09.02.1011

Nguyen, Minh Son, Deputy Director, Vietnam Academy of Science and Technology, Institute of Environmental Technology, persönliches Interview Hanoi, 15.02.2011

Nguyen, My Hoang, National Programme Officer on Environment and Energy, UNIDO, persönliches Interview Hanoi, 18.02.2011

Nguyen, Nam Phuong, Director, Vietnam Environmental Protection Fund, persönliches Interview Hanoi, 15.02.2011

Nguyen, Thi Dieu Trinh, Official, Department of Science, Education and Natural Resources and Environment, Ministry of Planning and Investment, persönliches Interview Hanoi, 14.02.2011

Nguyen, Thi Hue, Researcher, Vietnam Academy of Science and Technology, Institute of Environmental Technology, persönliches Interview Hanoi, 15.02.2011

Nguyen, Thi Kim Chi, Project Officer, Ass. to Chief. Rep., VAMED Engineering, persönliches Interview Hanoi, 16.02.2011

Nguyen, Thuy, Assistant to the Honorary Consul of the Republic of Austria, persönliches Interview Ho Chi Minh City, 09.02.2011

Nguyen, Tuan Anh, Green Eye Environmental, Interview per eMail, 10.02.2011

Nguyen, Van Khoa, Project Manager, VA Tech WABAG, persönliches Interview Hanoi, 17.02.2011

Pham, Ngoc Tu, Country Manager Vietnam, AVL List, persönliches Interview Hanoi, 17.02.2011

Tran, Kien, Manager, Vietnam Environmental Protection Fund, persönliches Interview Hanoi, 15.02.2011

Vögl, Alexander, General Manager, Anoasis Resort, persönliches Interview Vung Tau, 06.02.2011

Interviews Kambodscha

Chea, Sieng Hong, Secretary of State, Ministry of Industry, Mines and Energy, persönliches Interview Phnom Penh, 17.11.2010

Chau, Kim Heng, Director, Cambodian Education and Waste Management Organization, persönliches Interview Phnom Penh, 19.11.2010

Gressel, Gustav, Österreichischer Außenhandelsdelegierter, persönliches Interview Bangkok,15.11.2010

Gridling, Max, Director, Cosmos Services, persönliches Interview, Phnom Penh 16.11.2010

Hak, Mao, DDG of Technical Affairs and Director, Department of Hydrology and River Works, Ministry of Water Resources and Meteorology, persönliches Interview Phnom Penh, 25.11.2010

Israel, Rainer Ernst, Director, Ili Consulting Engineers Mekong, persönliches Interview Phnom Penh, 24.11.2010

Koch, Savath, DDG, General Directorate of Technical Affairs, Ministry of Environment, persönliches Interview Phnom Penh,16.11.2010

Mao, Hak, DDG of Technical Affairs and Director, Department of Hydrology and River Works, Ministry of Water Resources and Meterology, persönliches Interview Phnom Penh, 25.11.2010

Mok, Mareth, Senior Minister, Minister of Environment, persönliches Interview Phnom Penh, 17.11.2010

Ponh, Sachak, Director General of Technical Affairs, Ministry of Water Resources and Meterology, persönliches Interview Phnom Penh, 25.11.2010

Rehman, Muneeb ur, Director, Bayer Cambodia Branch, persönliches Interview Phnom Penh, 24.11.2010

Reinisch, Andreas, Senior Advisor for Governance and Public Administration, Deutscher Entwicklungsdienst, persönliches Interview Battambang, 23.11.2010

Sachak, Ponh, Director General of Technical Affairs, Ministry of Water Resources and Meteorology, persönliches Interview Phnom Penh, 25.11.2010

Sam, Phalla, Manager of Composting Project, Cambodian Education and Waste Management Organization, persönliches Interview Phnom Penh, 19.11.2010

Schlattl, Gerhard, Commercial Attachè, Austrian Embassy Commercial Section, Bangkok, 15.11.2010

Sieng, Em Wounzy, Deputy Municipality Governor Battambang Province and Municipality, persönliches Interview Battambang, 23.11.2010

Soun, Sopheak, General Manager, Siemens Representation Cambodia, persönliches Interview Phnom Penh, 18.11.2010

Thomas, Jürgen, Technical Department Manager, Thomas International Services Co., persönliches Interview Phnom Penh, 18.11.2010

Thomas, Paul, Managing Director, Thomas International Services Co. und President, Arbeitskreis Deutsche Wirtschaft, persönliches Interview Phnom Penh, 16.11.2010

Triller, Horst, Erster Sekretär, Deutsche Botschaft, persönliches Interview Phnom Penh, 19.11.2010

Uch, Rithy, Social marketing, Operation and maintenance, BORDA-COMPED, persönliches Interview, Phnom Penh, 19.11.2010

Visoth, Chea, Assistant General Director, Phnom Penh Water Supply Authority, persönliches Interview Phnom Penh, 26.11.2010

Abbildungs- und Tabellenverzeichnis

Abbildung 1: Fünf Schwerpunktmaßnahmen zum Erreichen einer low carbon society in Vietnam bis 2030 72
Abbildung 2: Energiebedarf nach Sektoren und Energieform 2009 79
Abbildung 3: System der Umweltgesetzgebung in Kambodscha 104
Abbildung 4: Trinkwasserversorgung in Kambodscha während der Trockenzeit, Daten von 2008 105
Abbildung 5: Administrative Struktur zur Luftverbesserung in Kambodscha 124

Tabelle 1: Zuflüsse ausländischer Direktinvestitionen in 2010, Anzahl der Projekte nach Branchen in Vietnam 25
Tabelle 2: Aspekte von Armut nach Regionen, CBMS Composite Poverty Index; Daten von 2006, alle Angaben in % 29
Tabelle 3: Exportvolumina und Zielländer für Kambodscha 33
Tabelle 4: Abwässer in Vietnam 2000, 2006 und 2010 nach Sektoren – in Millionen m^3 / Tag 45
Tabelle 6: Wasserqualität und Ursachen der Wasserverschmutzung in Vietnam nach Regionen 48
Tabelle 7: Finanzierung von Wasser-bezogenen Projekten 2010 bis 2012 54
Tabelle 8: Feste Abfälle in Vietnam 2006 und 2010 nach Sektoren 55
Tabelle 9: Entwicklung des Aufkommens an festem kommunalem Abfall 1997-2010, in kg / Person /Tag; Werte von 2010 sind Schätzungen 56
Tabelle 9: Anteil von gefährlichem Abfall am gesamten Abfall nach Industriezweigen in Vietnam 60
Tabelle 10: Ziele der National Strategy of Integrated Solid Waste Management up to 2025, vision towards 2050 62
Tabelle 11: Emissionsquellen in Ho Chi Minh City in % im Jahr 2000 68
Tabelle 12: Emissionsquellen in Großstädten und Provinzen in Vietnam 69
Tabelle 13: Energieangebot und -bedarf in Vietnam, 1990, 2007 und 2025 78
Tabelle 14: Liberalisierungsschritte am Elektrizitätsmarkt in Vietnam 82
Tabelle 15: Hauptkomponenten und abgeleitete spezifische Ziele aus dem siebenten Power Master Plan in Vietnam 84
Tabelle 16: Zielkapazitäten in 2020 und 2030 zur Energieversorgung in Vietnam 85
Tabelle 17: Komponenten des VNEEP 86
Tabelle 18: Sonnenstunden und Sonneneinstrahlung in Vietnam 87
Tabelle 19: Kosten von Trinkwasser nach Art der Wasserversorgung 106
Tabelle 20: Phnom Penh Water Supply Authority, Situation 1993 und 2006 108
Tabelle 21: Tägliche Menge an Verschmutzung von Inlandsoberflächengewässern und Grundwasser in Kamboscha 110
Tabelle 22: Investionen im Bereich ländliche Wasserver- und -entsorgung, 2006-2015 113
Tabelle 23: Abfallsammlung in Phnom Penh, Mengen in Tonnen / Tag 116
Tabelle 24: Ziele laut National Strategy Plan on Integrating Solid Waste

Management 120
Tabelle 25: Gesamte Treibhauseffekte und Verschmutzer in Kambodscha,
   Prognose in 103 Tonnen 122
Tabelle 26: Energieangebot und Nettoenergieimporte in Kambodscha, 2000-2035. 129
Tabelle 27: Elektrizitätsquellen von Haushalten, 1998 und 2008 132

Anhang 1: Bevölkerung, Fläche und Bevölkerungsdichte in Vietnams Regionen,
   Daten von 2009 155
Anhang 2: Sektorale CDM-Möglichkeiten in Kambodscha, Laos und Vietnam 157

Abkürzungsverzeichnis

3R	Reuse, Reduction and Recycling
ADB	Asian Development Bank
ADF	Asian Development Fund
AFD	Agence Française de Développement
Analph.	Analphabetenrate
APEC	Asia-Pacific-Economic-Cooperation
ASEAN	Association of South East Asian Nations
Bcm	billion cubic meters
BIP	Bruttoinlandsprodukt
BOD	bio-chemical oxygen demand
BOT	Build-operate-transfer Projekte
BSB	biochemischer Sauerstoffbedarf
ca.	zirka
CBMS	Composite Poverty Index
CDIA	Canadian Direct Investment Abroad
CDM	Clean Development Mechanism
Centr.	Central
CER	Certified Emission Reductions
CITENCO	Ho Chi Minh City Environmental Company
Co.	Company
Co_2	Kohlendioxid
COMPED	Cambodian Education and Waste Management Organization
CPI	Consumer Price Index
CSARO	Community Sanitation and Recycling Organization
DDG	Deputy Director General
DNA	Designated National Authority
DoEIA	Department of Environmental Impact Assessment
DoNRE	Department of Natural Resources and Environment
EDV	elektronische Datenverarbeitung
EPA	Environmental Protection Agency
et al.	und andere
EU	Europäische Union
EUR	Euro
EURIBOR	Euro Interbank Offered Rate
EVN	Viet Nam Electric Power Group
e-Waste	electronic waste
f	folgende Seite
FDI	Foreign Direct Investment
ff	folgende Seiten
FPI	Nahrungsmittelpreisindex
g	Gramm
Ges.	gesamt
GWH	Gigawattstunden

HCMC	Ho Chi Minh City
HH	Haushalte
Hrsg.	Herausgeber
IEA	International Energy Agency
k.A.	keine Angabe
kg	Kilogramm
km	Kilometer
km^2	Quadratkilometer
KMU	Kleine und mittlere Unternehmen
Komm.	kommerzielle Betriebe
kWH	Kilowattstunde
m^3	Kubikmeter
MAFF	Ministry of Agriculture, Forestry and Fishery
MDG	Millenium Development Goal
MEF	Ministry of Economics and Finance
MIME	Ministry of Industry, Mine and Energy
Mio.	Millionen
mm	Millimeter
MoC	Ministry of Construction
MoE	Ministry of Environment
MoH	Ministry of Health
MoI	Ministry of Industry
MOIT	Ministry of Industry and Trade
MoNRE	Ministry of Natural Resources and Environment
MoP	Ministry of Planning
MoT	Ministry of Transport
MOWRAM	Ministry of Water Resources and Meterology
MPI	Ministry of Planning and Investment
MPWT	Ministry of Public Work and Transport
MRD	Ministry of Rural Development
Mrd.	Milliarden
MTOE	Megatonnen Öleinheiten
N	North
NBC	National Bank of Cambodia
NE	Northeast
NEA	National Environmental Agency
NGO	Non-governmental organization
No.	Nummer
NW	Northwest
o.J.	ohne Jahr
ODA	Official Development Assistance
OECD	Organisation for Economic Co-operation and Development
OeKB	Österreichische Kontrollbank
OPEC	Organization of the Petroleum Exporting Countries
P_1	Einkommensarmut
P_2	Unterkunftsarmut

P_3	Informationsarmut
P_4	Transportarmut
P_5	Wissensarmut
P_6	Gesundheitsarmut
PC	People's Committees
PDD	project Designed Document
PJ	Peta Joule
PPP	private public partnership
PPWSA	Phnom Penh Water Supply Authority
PVN	Viet Nam Oil and Gas Group
S	South
S.	Seite
SBV	State Bank of Viet Nam
SE	Southeast
TCVN	nationale Standards Vietnam
TJ	Tera Joule
URENCO	Urban Environment Companies
USA	United States of America
USD	United States Dollar
US-Dollar	United States Dollar
VEPA	Vietnam Environmental Protection Agency
VEPF	Vietnam Environment Protection Fund
vgl.	vergleiche
VIHEMA	Vietnam Health Environmental Management Agency
VIVASEEN	Vietnam Water Supply Sewerage and Environment Construction Investment Corporation
VND	Vietnamesischen Dong
VNEEP	Vietnam Energy Efficiency Program
VNEEP	Vietnamese National Energy Efficiency and Conservation Program
WKO	Wirtschaftskammer Österreich
WTO	World Trade Organization

1. Einleitung

Vietnam und Kambodscha haben in den letzten Jahren eine deutliche wirtschaftliche Entwicklung aufweisen können, wenngleich die zwei Nachbarländer doch unterschiedliche Entwicklungswege beschritten haben.

Vietnam gilt als eines der aufstrebenden Länder für ausländische Geschäftstätigkeit – das Land wird so zum Beispiel im *„FDI Confidence Index 2012"* von A.T.Kearney als 14.-attraktivstes Land [1] für ausländische Direktinvestitionen gewertet. 2007 trat Vietnam der Welthandelsorganisation (WTO) bei, dies war ein weiterer Schritt in Richtung wirtschaftliche Öffnung des Landes, welche bereits 1986 ihren Ausgang nahm, als Vietnams Regierung einen Prozess der Modernisierung und Transformation des Landes in Gang setzte. Bis vor wenigen Jahren konnte Vietnam beachtliche BIP-Wachstumsraten verzeichnen (2007: 8,5%). Zwar hat die Wirtschaftskrise das Wachstum des stark exportorientierten Landes kurzfristig auf knapp über 5% gebremst, 2010 lag das BIP-Wachstum jedoch immerhin wieder bei 6,8%.[2]

Die positive wirtschaftliche Entwicklung der letzten Jahre hat jedoch gemeinsam mit der hohen Bevölkerungsdichte und starker und teilweise unkontrollierter Urbanisierung negative Umweltentwicklungen nach sich gezogen.

Besondere Probleme sind zum Beispiel in folgenden Bereichen zu beobachten:

- **Abfall:** Die Sammlung, Trennung und Behandlung von festen Abfällen ist vielfach noch ungenügend. Daher hat die Regierung eine Strategie mit ambitionierten Zielen bis zum Jahr 2025 über die Anteile des Abfalles die gesammelt, recycelt und behandelt werden sollen erstellt.
- **Luftverschmutzung:** der motorisierte Verkehr hat in Vietnams Städten deutlich zugenommen und ist eine wichtige Ursache für die vorherrschende schlechte Luftqualität; so liegen die Feinstaubwerte in Hanoi und Ho Chi Minh City beim Vierfachen des in den EU-Richtlinien vorgesehenen Jahreshöchstmittelwertes.
- **Wasserressourcen:** während Hanoi und Ho Chi Minh City einen Versorgungsgrad mit Trinkwasser von fast 100% aufweisen, liegt dieser bei kleineren Städten oft bei unter 60%. Die wirtschaftliche Entwicklung hat in den letzten Jahren zu einer starken Steigerung der Abwassermengen geführt, doch nur etwa 30% der kommunalen Abwässer werden gereinigt.
- **Energie:** Die starke wirtschaftliche Entwicklung des Landes hat die Energieversorgungslücke vergrößert. Staatliche Maßnahmen setzen zum einen an einer Verbesserung der Energieversorung (auch mit einem speziellen Fokus auf alternative Energiequellen), und zum anderen bei der Steigerung der Energieeffizienz an.

---

[1] Vgl. A.T. Kearney, 2011
[2] Vgl. World Bank, 2011

Ebenso wie Vietnam verzeichnete auch Kambodscha in den letzten Jahren eine rege wirtschaftliche Entwicklung mit realen Wachstumsraten des Bruttoinlandsprodukts (BIP) welche teilweise sogar noch über jenen in Vietnam lagen (2006 und 2007: über 10%). Der Einbruch der Wachstumsraten infolge der globalen Wirtschaftskrise war in Kambodscha zwar stärker als in Vietnam (das BIP-Wachstum lag 2009 bei 0,1%), 2010 ist das BIP-Wachstum aber wieder auf 6% angestiegen. Dennoch hat Kambodscha als eines der ärmsten Länder der Region noch einen langen wirtschaftlichen Aufholprozess vor sich.[3] Obwohl Kambodscha im Rahmen des „*FDI Confidence Index*" von A.T.Kearney noch kein Top-Ranking errungen hat, wird es seit einigen Jahren als aufstrebendes Land mit Potential für ausländische Direktinvestitionen angesehen. Vor allem chinesische Unternehmen investieren häufig im Rahmen von Outsourcing-Maßnahmen in Kambodscha.

Mit steigender Entwicklung und wachsender Urbanisierung werden auch in Kambodscha zahlreiche Umweltdefizite deutlich:

- **Energieversorgung:** Bisher gilt die schlechte Stromversorgung (bis 2030 sollen 70% der ländlichen Bevölkerung an die Energieversorgung angeschlossen werden, derzeit sind es zirka 20%) in Kambodscha als eines der wesentlichsten Hemmnisse für die weitere wirtschaftliche Entwicklung. Ein Ausbau, vor allem durch die Errichtung von Wasserkraftwerken entlang des *Mekong, Srae Pok* und *Sesan,* ist geplant. Gleichzeitig gilt es ein Verbundnetz zu etablieren. Für die Verbesserung der Energieversorgung in abgelegenen Regionen soll auf erneuerbare Energie gesetzt werden.

- **Wasserressourcen:** Im Vergleich zu anderen ASEAN-Staaten haben Haushalte in Kambodscha einen deutlich eingeschränkten Zugang zu Trinkwasser und Sanitäranlagen, sowohl in ländlichen, als auch in urbanen Gebieten.

- **Abfall:** Vor allem in der Hauptstadt Phnom Penh steigt mit dem Grad der Industrialisierung und wirtschaftlichen Entwicklung der Bedarf nach einem strukturierten Abfallmanagement, das bisher nicht existiert. Abfälle werden vielfach in ungesicherten Deponien gelagert und bedrohen somit das Grundwasser. Bedarf besteht aber nicht nur bei der Sammlung und Behandlung von kommunalem Abfall, sondern auch in anderen Bereichen, wie etwa Spitalsabfällen und e-Waste.

- **Luftqualität:** Die Belastung der Luftqualität nimmt auch in Kambodscha – vor allem in Phnom Penh – stetig zu. Die Probleme liegen hier nicht nur in der Verschmutzung selbst, sondern auch im bisher mangelhaften Monitoring.

Diese Probleme sind der Ausgangspunkt für potentielle Projekt- und Investitionsmöglichkeiten für österreichische Umwelttechnologieunternehmen. Ziel der vorliegenden Studie ist es daher, wichtige Umweltprobleme in den beiden

---

[3] Vgl. World Bank, 2011

Ländern, wie auch die umweltgesetzlichen Rahmenbedingungen und staatlichen Maßnahmen darzustellen, und konkrete Geschäftsmöglichkeiten aufzuzeigen.

Folgende Themenbereiche werden behandelt:

- Grundlagen zur Wirtschaft und zur regionalen Entwicklung in Vietnam und Kambodscha
- Übersicht über wichtige Umweltprobleme und staatliche Maßnahmen in den beiden Ländern, sowie über die Struktur der staatlichen Verwaltung im Bereich Umwelt
- Potentiale für Umwelttechnologieunternehmen in den Bereichen Wasser, Abfall, Luft und Energie
- Finanzierungsmöglichkeiten von Umweltprojekten
- Einschätzung von Herausforderungen im Zusammenhang mit Geschäfts- und Projekttätigkeit basierend auf Interviews, welche die Autorinnen vor Ort mit Experten durchgeführt haben

Es wird darauf hingewiesen, dass alle Angaben trotz sorgfältiger Erstellung und Bearbeitung ohne Gewähr erfolgen. Alle Personenbezeichnungen sind als geschlechtsneutral zu verstehen.

Literatur zu Kapitel 1:

A.T. Kearney (2011): Cautious Investors Feed a Tentative Recovery, http://www.atkearney.com/index.php/ Publications/cautious-investors-feed-a-tentative-recovery.html

World Bank (2011): GDP growth, annual %, http://data.worldbank.org/indicator/NY.GDP.MKTP.KD.ZG

2. Wirtschaftliche und sozioökonomische Grundlagen

Das folgende Kapitel gibt einen Überblick über die unterschiedlichen nationalen Entwicklungen in Vietnam und Kambodscha und zeigt die regionalen Disparitäten in den beiden Staaten auf. Da in den Kapiteln 3 und 4 vielfach Daten und Sachverhalte präsentiert und diskutiert werden, welche eine grundlegende Kenntnis der wirtschaftlichen und regionalen Gegebenheiten in den beiden Ländern erfordern, sollen die hier dargestellten Informationen ein besseres Verständnis der Kapitel 3 und 4 ermöglichen.

2.1. Wirtschaft in Vietnam

Seit der Öffnung der vietnamesischen Wirtschaft für Investitionen und Handel im Rahmen des *Doi Moi*[4] im Jahr 1986[5] hat die Volkswirtschaft eine starke Entwicklung erfahren und nimmt im Vergleich zu drei der anderen Mekong-Staaten (Kambodscha, Laos und Myanmar) eine Vorreiterrolle ein. So hat beispielsweise das jährliche Bruttoinlandsprodukt bereits Mitte der 1990er Jahre (bis zur Asienkrise 1997)[6] jenes der ASEAN-5 Länder[7] überstiegen. Trotz dieser guten wirtschaftlichen Entwicklung, die das Land als wichtigen aufstrebenden Handels- und Investitionspartner in Südostasien erscheinen lässt, ist die sozioökonomische Perspektive des Landes jedoch teilweise weiterhin schwach. Auf beide Bereiche, die Entwicklungen im Rahmen der makroökonomischen Indikatoren, sowie Lohn- und Armutsindikatoren, wird im Folgenden eingegangen.

2.1.1. Wirtschaftsentwicklung und Wirtschaftssektoren

Die vietnamesische Wirtschaft hat sich rasch von der Asienkrise Ende der 1990er Jahre erholt und wies in den Jahren 2000 bis 2003 Wachstumsraten des Bruttoinlandsprodukts (gemessen zu konstanten Preisen von 1994) von 6,7% bis 7,3% auf. Diese Entwicklung konnte in den folgenden Jahren noch gesteigert werden, sodass Mitte der 2000er Jahre Wachstumsraten von zirka 8,4% erreicht werden konnten. Die globale Finanz- und Wirtschaftskrise der Jahre 2008-2009 hat in der Folge jedoch auch unmittelbar auf die vietnamesische Wirtschaft durchgeschlagen und führte zu einem starken Absinken der Wachstumsraten. Der Einbruch ist jedoch weitaus geringer als in den westlichen Industriestaaten der Europäischen Union und den USA. Nach einem Rückgang auf knapp über 5 % im Jahr 2009 wurden 2010 wiederum Wachstumsraten von fast 7% erzielt.[8] Die Daten des Bruttoinlandsprodukts pro Kopf zu laufenden Preisen zeigen eine ähnliche

---

[4] Bezeichnung der wirtschaftlichen Reformpolitik Vietnams
[5] In diesem Jahr haben die Strukturveränderungen begonnen, in den einzelnen Bereichen wurden die Veränderungen aber zumeist erst in den folgenden Jahren schlagend.
[6] Vgl. Leung / Bingham / Davies, 2003, S. 3
[7] Indonesien, Malaysia, die Philippinen, Singapur und Thailand sind die fünf Gründungsmitglieder des ASEAN Zusammenschlusses.
[8] Vgl. General Statistics Office Database, o.J.; Asian Development Bank 2011

Entwicklung. Für das Jahr 2012 wird wiederum ein Wachstum von über 5% prognostiziert. Die rasche und stabile Erholung der vietnamesischen Wirtschaft wird auch auf die fiskal- und geldpolitischen Maßnahmen zurückgeführt, die im Februar 2011 bekanntgegeben wurden. Dabei wurde der Wille zu weiteren Strukturreformen bekundet, sowie eine restriktive Fiskalpolitik vorgestellt [9]. Dementsprechend waren die Wachstumsraten zunächst moderat, um im Jahr 2012 laut Prognose wieder anzusteigen.

Diese positive wirtschaftliche Entwicklung wird vor allem durch den hohen Außenbeitrag getrieben. Dementsprechend geht auch der Wachstumseinbruch von 2008/2009 mit einem Rückgang der Exporte einher. Während der Anteil der Bruttokapitalbildung über den Zeitraum 2006-2010 zwischen etwa 38% und 43% pendelte, schwankte der Exportanteil zwischen etwa 68% und 77%. Dabei wuchs der Anteil zunächst von 2006 bis 2008 kontinuierlich an, um im Krisenjahr 2009 leicht einzubrechen. Bereits im Jahr 2010 erholte sich der Exportanteil wieder und erreichte fast das Vorkrisen-Niveau. Im Krisenjahr 2008/2009 konnten die Nettoexporte gesteigert werden, nachdem die Importe stärker sanken als die Exporte.[10] Dennoch weist Vietnam über den gesamten betrachteten Zeitraum eine negative Handelsbilanz auf. Die Endnachfrage (Konsum) ist in Folge der globalen Wirtschaftskrise nicht eingebrochen und befindet sich auf einem konstanten Niveau von etwa 70% gemessen am Bruttoinlandsprodukt.[11]

Die vietnamesische Wirtschaft weist einen hohen Anteil an landwirtschaftlicher Produktion gemessen am Bruttoinlandsprodukt auf. Dieser ist 2008 zunächst weiter angestiegen, um im Rahmen der globalen Wirtschaftskrise wieder abzusinken.[12] Ein Grund für den Anstieg im Jahr 2008 kann im Beitritt zur WTO im Jänner 2007 liegen, der dem Exportanteil im landwirtschaftlichen Sektor einen Aufschwung beschert hat. Der Anteil der Industrie an der Entstehung des Bruttoinlandsprodukts liegt bei etwa 40% und ist zuletzt leicht angestiegen. Betrachtet man die Entwicklung der Wachstumsraten bei der Wertschöpfung in den einzelnen Sektoren, so zeigt sich, dass im Zuge der Krise vor allem die Wertschöpfungsraten in der Landwirtschaft eingebrochen sind, während sich die Wertschöpfungsraten in der Industrie als äußerst dynamisch erweisen. Nach einem massiven Einbruch von 2007 auf 2008 erholten sich die Wertschöpfungsraten der Industrie von 2009 auf 2010 wiederum deutlich und befinden sich mit etwa 7,7% auf dem gleichen Niveau wie jene des Dienstleistungssektors.[13]

2.1.2. Geld und Preisentwicklung

Die vietnamesische Wirtschaft ist geprägt durch eine vergleichsweise (zu westlichen Industriestaaten) hohe und stark schwankende Inflationsrate. Die starken Wachstumsraten von 2006 bis 2008 haben zunächst die Inflation stark

---

[9] Vgl. Mellor / Hong / Luu, 2011, S. 215
[10] Vgl. Viet / Tamura / Hong / Luu, 2010, S. 231
[11] Vgl. General Statistics Office Database, o.J.
[12] Vgl. Asian Development Bank, 2011a; General Statistics Office Database, o.J.
[13] Ebenda

ansteigen lassen – auf 23% gemessen am Konsumentenpreisindex.[14] Die globale Wirtschaftskrise wurde in Vietnam vor allem durch einen Einbruch der Exporte und damit in der Folge durch ein Absinken des Wirtschaftswachstums wahrgenommen, kombiniert mit einem Abfall der Weltmarktpreise für Rohstoffe, die einen wichtigen Exportanteil in Vietnam einnehmen. Dadurch kam es 2009 zu einer massiven Verringerung der Inflation. Nachdem auch die vietnamesische Zentralbank (*SBV - State Bank of Viet Nam*) der globalen Wirtschaftskrise zunächst mit einer expansiven Geldpolitik begegnete und bereits 2009 die Diskont- und Offenmarktzinssätze massiv reduzierte, führte dies, kombiniert mit einer teilweisen Lockerung der Mindestreserveanforderungen für Geschäftsbanken, zur Erhöhung des Geldschöpfungsmultiplikators und damit zu einem Liquiditätsanstieg, der in einem abermaligen Ansteigen der Inflation in den Jahren 2010 und 2011 mündete.[15] Die oben erwähnten Ankündigungen zu strukturellen Veränderungen in der Wirtschaft, sowie zu einer restriktiveren Geldpolitik lassen die Prognosen für die Inflation im Jahr 2012 bei knapp unter 7% liegen. Die wesentlichen Komponenten für das starke Ansteigen, sowie für das plötzliche Absinken sind dieselben, nämlich im wesentlichen Nahrungsmittel, Wohnen und Transport.[16]

2.1.3. Beschäftigung und sozialer Rahmen

Die Beschäftigungsrate – gemessen an der erwerbsfähigen Bevölkerung über 15 Jahren – lag im Jahr 2010 in Vietnam bei zirka 77%. Ab Mitte der 2000er Jahre ist der Anteil um einige Prozentpunkte angestiegen. Trotz der hohen Beschäftigungsquote und geringen Arbeitslosigkeit von zirka 2,6% im Jahr 2010 sind die vietnamesischen Haushalte dennoch zu einem hohen Ausmaß von Armut betroffen (siehe die Darstellung der regionalen Disparitäten unter 2.2.).[17]

Ein Grund dafür ist im schlechten Ausbildungsniveau zu finden. Über 85% der Erwerbstätigen haben keine Qualifikation, weitere 3,8% verfügen bloß über eine kurzfristige Ausbildung in ihrem Beruf. Lediglich 7,4% verfügen über einen College- oder Universitätsabschluss.[18] Betrachtet man den Anteil der Beschäftigten nach Sektoren, so zeigt sich, dass im Jahr 2010 noch fast die Hälfte aller Beschäftigten in der Landwirtschaft tätig war. Der Anteil der Beschäftigten im Dienstleistungssektor ist im letzten Jahrzehnt um fast 5 Prozentpunkte angestiegen. Dennoch ist der Anteil mit unter 30% im Vergleich zu Industriestaaten gering.[19] Ein weiterer Grund für die hohe Armutsgefahr der vietnamesischen Haushalte trotz hoher Beschäftigungsquote ist auch in der Struktur der Unternehmen zu finden. Der Großteil – mit einem Anteil von über 78% im Jahr 2010 – der Beschäftigten ist selbständig, beziehungsweise im eigenen Kleinunternehmen („Haushaltsunternehmen") beschäftigt. Der Anteil der

---

[14] Vgl. General Statistics Office Database, o.J.; Asian Development Bank, 2011b.
[15] Vgl. Viet / Tamura / Hong / Luu, 2010, S. 232
[16] Vgl. General Statistics Office Database, o.J.
[17] Vgl. Asian Development Bank, 2011a, 2011b.
[18] Vgl. General Statistics Office of Vietnam, 2011, S.31, Table 2.1.
[19] Vgl. General Statistics Office of Vietnam, 2011, S.34, Table 2.4.

Beschäftigten in einem privaten Unternehmen beziehungsweise in einem durch ausländische Direktinvestitionen geschaffenen Unternehmen ist mit 7,6% beziehungsweise 3,5% äußerst gering.[20] Darüber hinaus muss weiters beachtet werden, dass die Wochenarbeitszeit stark zwischen ländlichen und städtischen Regionen beziehungsweise zwischen den Ausbildungsniveaus variiert.[21]

Die Einkommen sind in den letzten Jahren stark angestiegen. So sind die durchschnittlichen monatlichen pro Kopf-Einkommen von 2006 auf 2008 um zirka 56% auf 995.000 Dong[22] angewachsen. Dieser starke Anstieg ist vor allem auf das Anheben der Mindestlöhne in Staatsbetrieben zurückzuführen.[23] Das weitere Auseinanderklaffen der Einkommen zwischen städtischen und ländlichen Regionen und unterschiedlichen Ausbildungsniveaus ist auch im Jahr 2010 evident. Während das durchschnittliche Einkommen für den überwiegenden Anteil der angelernten Arbeitnehmer bei zirka 2,1 Millionen Dong liegt, so können Arbeitnehmer mit einem Universitätsabschluss zirka 4 Millionen Dong erhalten.[24] Trotz dieser Steigerungen im Einkommen leben zirka 13% der Bevölkerung in Armut und Hunger. Im Jahr 2006 wurde der Anteil der Bevölkerung, der mit weniger als 1 US-Dollar pro Tag auskommen muss (bzw. 1,25 US-Dollar in Kaufkraftparitäten) noch mit 21,5%[25] ausgewiesen.

2.1.4. Außenwirtschaft

Wie bereits erwähnt, stellen Exporte einen wesentlichen Beitrag für die wirtschaftliche Entwicklung des Landes dar. Das gesamte Exportvolumen ist vom Jahr 2006 auf 2010 von zirka 39,8 Mrd. US-Dollar auf über 72 Mrd. US-Dollar angestiegen.[26] Im Krisenjahr 2009 ist ein deutlicher, aber kurzfristiger Einbruch zu verzeichnen. Zu den wichtigsten Handelspartnern zählen die Mitgliedsstaaten der *Asia-Pacific-Economic-Cooperation (APEC)*. Exporte an die *ASEAN-Staaten*[27] und auch an die Mitglieder der Europäischen Union nehmen einen vergleichsweise geringen Anteil ein.

Zu den Haupthandelspartnern zählen die USA, Japan, China und auch Australien. Haupthandelspartner aus Europa stellen die Schweiz mit Exporten im Wert von etwa 2,6 Mrd. US-Dollar und Deutschland mit etwa 2,3 US-Dollar im Jahr 2010 dar.[28] Die Exporte nach Österreich sind in der letzten Dekade zwar stark angestiegen, sind aber dennoch auf einem äußerst geringen Niveau. So machten die Exporte nach Österreich im Jahr 2010 lediglich 144 Millionen US-Dollar aus[29].

---

[20] Vgl. General Statistics Office of Vietnam, 2011, S.38, Table 2.8.
[21] Vgl. General Statistics Office of Vietnam, 2008, S.11f
[22] Vgl. General Statistics Office of Vietnam 2008, S. 12
[23] Ebenda
[24] Vgl. General Statistics Office of Vietnam, 2011, S. 41, Table 2.12.
[25] Vgl. Asian Development Bank, 2010, S. 69, Table 1.1.
[26] Vgl. General Statistics Office Database, o.J.
[27] Einige Mitglieder der ASEAN sind auch Mitglieder von APEC; wichtige in APEC - aber nicht in ASEAN - vertretene Länder sind z.B. die USA, Russland, China, Japan und Australien
[28] Vgl. Asian Development Bank, 2011b
[29] Vgl. Asian Development Bank, 2011b

Im Jahr 2010 machten die Zuflüsse ausländischer Direktinvestitionen etwa 19,8 Mrd. US-Dollar aus (siehe Tabelle 1). Insgesamt wurden dabei über 1.200 Projekte umgesetzt. Im Mittelpunkt standen Investitionen im Bereich der Industrie, gefolgt von Handel, Baugewerbe und technischen Aktivitäten.

	Anzahl der Projekte	Kapital
		Millionen US-Dollar
GESAMT	1237	19886,1
Landwirtschaft	12	36,2
Bergbau		5,6
Industrie	478	5979,3
Elektrizität	6	2952,6
Wasserversorgung und Abwasser	6	10,1
Baugewerbe	174	1816
Handel	177	462,1
Transport	20	881
Unterkünfte	39	315,5
Information und Telekommunikation	73	106,5
Bankensektor und Finanzen	3	59,1
Immobilien	33	6827,9
Technische Aktivitäten	165	71,5
Administration und Support	6	4,6
Ausbildung und Training	8	74,7
Gesundheit	9	205,6
Freizeit und Kultur	8	62,3
Anderes	20	15,5

Tabelle 1: Zuflüsse ausländischer Direktinvestitionen in 2010, Anzahl der Projekte nach Branchen in Vietnam

Quelle: General Statistics Office of Vietnam Databse; eigene Darstellung

Der höchste Zufluss an ausländischen Direktinvestitionen stammt aus Singapur mit etwa 4,5 Mrd. US-Dollar, gefolgt von Süd-Korea und den Niederlanden mit etwa 2,5 Mrd. beziehungsweise etwa 2,4 Mrd. US-Dollar. Auch Japan und die USA zählen mit einem Volumen von etwa 2,3 Mrd. und etwa 1,9 Mrd. US-Dollar zu wichtigen Partnern für ausländische Direktinvestitionen.[30]

2.2. Regionale Daten Vietnam
2.2.1. Geographische Daten und Bevölkerung
Im Folgenden wird Vietnam anhand wichtiger geographischer Daten und Bevölkerungsdaten in einem Kurzprofil vorgestellt[31]:

Geographische Daten:
Fläche: 331.686 km² (nur Landfläche: 331.210 km²)
Grenzen zu: China, Laos, Kambodscha
Nord-Süd-Ausdehnung: 1.750 km
Küste: 3.440 km
Klima: tropisch im Süden, Monsun-Klima im Norden
Bevölkerungsdaten:
Einwohner: 90,55 Millionen (2011)
Bevölkerungsdichte: 285 Personen / km²
Geschlechterverteilung: 49,8% männlich / 50,2% weiblich
Bevölkerungswachstum: 1,077%
Altersverteilung:
- 0-14 Jahre: 25,2%
- 15-64 Jahre: 69,3%
- Ab 65 Jahre: 5,5%
Lebenserwartung: 72,18 Jahre (69,72 Jahre Männer / 74,92 Jahre Frauen)
Alphabetisierung (ab einem Alter von 15 Jahren): 94% (96,1% männlich / 92% weiblich)
Anteil der Bevölkerung die in Städten lebt: 30% (2010), jährliche Urbanisierungsrate
2010-2015: 3%
Bevölkerungsgruppen: 54 ethnische Gruppen - Kinh (Viet) 85,7%, Tay 1,9%,
Thai 1,8%, Muong 1,5%, Khmer 1,5%, Mong 1,2%, Nung 1,1%, andere 5,3% (Volkszählung 2009)
Religionen: Buddhisten 9,3%, Katholiken 6,7%, Hoa Hao 1,5%, Cao Dai 1,1%, Protestanten 0,5%, Muslime 0,1%, ohne religiöses Bekenntnis 80,8% (Volkszählung 1999)

Flächenmäßig ist Vietnam fast vier Mal so groß wie Österreich und etwas kleiner als Deutschland. Das langgestreckte Land hat in Relation zur Größe eine lange Küstenlinie – angesichts dessen ist es nicht verwunderlich, dass Fischfang eine bedeutende Rolle spielt.

---

[30] Vgl. General Statistics Office Database, o.J.
[31] Vgl. DVG, 2008; CIA Factbook, 2011; Trading Economics, 2011

Wenngleich die Bevölkerung Vietnams ab der Jahrtausendwende jährlich um etwa 1 Million gewachsen ist, so ist doch ein deutlicher Rückgang des Bevölkerungswachstums festzustellen. Dieses lag 2000 noch bei 1,4%, zu Beginn der 1990er Jahre sogar bei fast 2%[32]. Das geringere Bevölkerungswachstum ist ein Trend, der mit steigender Urbanisierung und höherem Lebensstandard einhergeht. Betrachtet man die Altersverteilung, so zeigt sich das Bild einer Bevölkerung mit einem geringen Anteil an Menschen über 65 (siehe auch Bevölkerungsdaten zu Vietnam zu Beginn dieses Kapitels; im Vergleich gehören in Österreich 14% der Altersgruppe 0-14 Jahre an, 67,7% der Gruppe 15-64 Jahre und 18,2% der Gruppe ab 65 Jahre).[33] Anhang 1 gibt einen Überblick über die Bevölkerung je nach Provinz und die zugehörige Bevölkerungsdichte.

Daraus ist eine deutliche Bevölkerungskonzentration in der Region des *Red River-Deltas* um die Hauptstadt Hanoi erkennbar. Der Ballungsraum ist seit der wirtschaftlichen Öffnung des Landes kontinuierlich angewachsen, Teile der umliegenden Provinzen wurden in Hanoi eingemeindet und umfangreiche zuvor landwirtschaftlich genutzte Flächen wurden zu Siedlungs- oder Industriegebieten.[34] Doch wenn auch der Anteil der städtischen Bevölkerung im Norden stärker zunimmt, so ist die Urbanisierung im Süden doch deutlich stärker vorangeschritten.[35] Dabei ist anzumerken, dass die Urbanisierung in Vietnam noch unter jener von anderen Ländern in der Region liegt. 2010 lebten in Vietnam 30% der Bevölkerung in Städten, in Thailand waren es im gleichen Jahr 34%, in Indonesien 44% und in China sogar 47%.[36] Die Urbanisierung, gepaart mit der starken wirtschaftlichen Entwicklung, setzt die natürlichen Ressourcen wie auch die Versorgungs- und Entsorgungsinfrastruktur – zum Beispiel Wasser, Abwasser, Abfall – unter zunehmenden Druck, die entsprechende Infrastruktur hat mit der Bevölkerungsentwicklung vielfach nicht Schritt gehalten. Auf die daraus entstehenden Umweltprobleme wird in Abschnitt 3 näher eingegangen.

2.2.2 Vietnams Regionen und regionale Disparitäten

Das starke Wirtschaftswachstum und die damit steigende Anzahl an Arbeitsplätzen, nationale Programme zur Verminderung von Armut, staatliche Maßnahmen der Einkommensumverteilung und internationale Entwicklungshilfeprogramme haben zu einer deutlichen Reduktion der Armut in Vietnam beigetragen – siehe dazu auch 2.1.3. Beschäftigung und sozialer Rahmen. Das *General Statistics Office* von Vietnam definiert als Armutsgrenze das Mindestniveau an Ausgaben das nötig ist, um die Grundbedürfnisse wie Essen, Unterkunft und Bekleidung zu decken[37]. Im gesamten Land ist die Armutsquote

---

[32] Vgl. Haub / Thi, 2003
[33] Vgl. Central Intelligence Agency, 2011
[34] Vgl. Nguyen, Van Suu, 2009, S. 12f
[35] Vgl. Le, o.J., S. 5
[36] Vgl. Central Intelligence Agency, 2011
[37] Vgl. Australian Agency for International Development, 2002, S. 2

von 58,1% im Jahr 1993 über 28,9% im Jahr 2002[38] bis auf 10,6% im Jahr 2010[39] gefallen. Vergleicht man jedoch zwischen den Einkommen der sozialen Gruppen, so zeigt sich ein weniger positives Bild. Die sozial besser gestellten Gruppen der Gesellschaft haben von den positiven Einkommenstrends deutlich stärker profitiert als die ärmeren Gruppen; die Einkommensschere zwischen Reichen und Armen hat sich im Zeitraum 1990 bis 2006 verdoppelt.[40] Ebenso fallen auch regional starke Unterschiede der Armutsraten zwischen den Regionen auf, die einem Zentrum-Peripherie-Muster folgen, mit geringeren Armutsraten in und um die großen städtischen Ballungsräume im Norden und Süden und hohen Armutsraten in den ländlichen Regionen. Dort zeigen sich beachtliche Unterschiede. Die Armutsrate in der ärmsten Region, im Nordwesten, ist mehr als acht Mal so hoch als jene in der bezüglich Armut am besten gestellten Region, dem Südosten, wo sich der Ballungsraum um Ho Chi Minh City befindet. Hand in Hand mit geringeren Armutsquoten gehen wenig überraschend in den meisten Fällen höhere BIP-pro-Kopf-Werte einher, wobei aber vor allem der Nordwesten eine Ausnahme darstellt. Dort liegt das BIP pro Kopf etwa auf dem gleichen Niveau wie im Nordosten, während die Armutsrate jedoch nahezu doppelt so hoch ist. Auch zeigt sich die wirtschaftlich dominante Rolle der Region um Ho Chi Minh City, wo das BIP pro Kopf mehr als drei Mal so hoch ist wie in der Region um die Hauptstadt.[41] Eine genauere Untersuchung der Komponenten der Armut gibt noch weiteren Einblick in die unterschiedlichen entwicklungsbezogenen Herausforderungen, mit denen die verschiedenen Regionen zu kämpfen haben und zeigt deutliche Variationen, aber auch Probleme in den wohlhabenderen Regionen (siehe dazu Tabelle 2).[42] Für die vorliegende Studie besonders relevant ist der Zugang von Haushalten zu Trinkwasser. Laut einer Erhebung von *Vu* (2009; siehe P_6 in Tabelle 2) weist das *Red River Delta*, die Region um Hanoi, dabei mit Abstand die besten Werte auf, während im Südosten, wo sich auch Ho Chi Minh City befindet, mit 73,5% ein erstaunlich hoher Anteil der Haushalte keine Trinkwasserversorgung in der Unterkunft hat. Am schlechtesten ist die Situation in der Region *Central Highlands*, wo mit 97,5% nahezu keine Haushalte über zugeleitetes Wasser mit Trinkwasserqualität verfügen.

---

[38] Vgl. Vu, o.J.b
[39] Vgl. Central Intelligency Agency, 2011
[40] Vgl. Vu, o.J.
[41] Vgl. Vietfort, 2011; Vu, o.J.b; Nguyen, Huy Hoang, 2009, S. 123
[42] Die Werte für P1, die Einkommensarmut, weichen von jenen in Abbildung 9 ab, da in Tabelle 4 die Durchschnitte der monatlichen Einkommen im mehrjährigen Vergleich herangezogen wurden.

Umwelterausforderungen und -potentiale in Vietnam und Kambodscha

	Vietnam Gesamt	NW	NE	Red River Delta	N Centr. Coast	S Centr. Coast	Centr. Highlands	SE	Mekong-River-Delta
P_1	15,5	46,1	23,2	12,9	29,4	21,3	29,2	6,1	15,3
P_2	18,4	23,6	14,3	3,3	24,7	13,1	21,5	24,5	30,0
P_3	16,4	29,0	20,5	11,1	26,0	13,7	21,5	7,7	10,6
P_4	13,8	15,5	16,8	12,1	8,0	10,7	11,8	4,3	19,5
P_5	5,5	11,6	5,2	2,7	3,7	4,6	9,3	5,0	5,9
P_6	54,4	80,3	65,2	20,0	53,0	56,4	87,1	62,2	48,6
Ges	**20,7**	**34,0**	**24,2**	**10,4**	**24,1**	**20,0**	**30,1**	**18,3**	**21,7**

Anmerkungen:

P_1... Einkommensarmut: Prozentsatz der Haushalte unter der Armutsgrenze

P_2... Unterkunftsarmut: Prozentsatz der Haushalte mit nur notdürftiger Unterkunft

P_3... Informationsarmut: Prozentsatz der Haushalte welche kein Radio oder keinen Fernseher besitzen

P_4...Transportarmut: Prozentsatz der Haushalte ohne Motorrad oder Fahrrad

P_5... Wissensarmut: Durchschnitt aus der Analphabetenrate („*Analph.*") bei Erwachsenen und der Rate von Kindern / Jugendlichen welche keine Schule besuchen („*Out of school*")

P_6... Gesundheitsarmut: Durchschnitt aus Prozentsatz der Haushalte ohne Trinkwasser („*Safe water*") und ohne Toilette („*Toilet*")

NW	Northwest
NE	Northeast
N	North
S	South
Centr.	Central
SE	Southeast
Ges.	gesamt

Tabelle 2: Aspekte von Armut nach Regionen, CBMS Composite Poverty Index; Daten von 2006, alle Angaben in %

Quelle: Vu, 2009, S. 4; eigene Darstellung

2.3. Wirtschaft in Kambodscha

Die Darstellung der wirtschaftlichen Entwicklung in Kambodscha folgt dem gleichen Aufbau wie jene der vietnamesischen Wirtschaft. Ähnlich wie Vietnam wurde auch Kambodscha direkt – das heißt über fallende Exporte - von der globalen Wirtschaftskrise getroffen. Dabei wird deutlich, dass Kambodschas wirtschaftliche Entwicklung auf ein exportbasiertes Wachstum vor allem in den

Niedriglohn-Sektoren angewiesen ist, worin Kambodscha einen relativen Kostenvorteil in der Produktion innehat.[43] Daneben sind Investitionen in den Tourismus wesentlich für die wirtschaftliche Entwicklung.[44]

2.3.1. Wirtschaftsentwicklung und Wirtschaftssektoren

Die kambodschanische Wirtschaft zeigte ebenso wie die vietnamesische Wirtschaft bereits bis zur Asienkrise Ende der 1990er Jahre ein starkes Wachstum, wenn auch die Wachstumsraten nicht das Niveau von Vietnam erreichten.[45] Die Jahre davor (nach den ersten freien Wahlen 1993) waren demgegenüber noch von wirtschaftlicher Instabilität geprägt. Der Beitritt zu den ASEAN-Staaten 1999 und der Beitritt zur WTO 2003 haben die Exporte vorangetrieben. Dies ist auch als Grund zu sehen, warum die kambodschanische Wirtschaft von 2003 bis 2007 wiederum hohe wenngleich schwankende Wachstumsraten gemessen am Bruttoinlandsprodukt zu laufenden Preisen zeigte[46]. Der Einbruch erfolgte in den Krisenjahren 2008 und 2009.[47] Dieser ist vor allem auf den Einbruch in der Textilindustrie zurückzuführen. Durch Handelsabkommen mit der Europäischen Union und mit den USA konnte Kambodscha geringe Zölle für die Textilindustrie erhalten und damit den Exportsektor unterstützen[48].

Bereits 2010 schien Kambodscha die Krise überwunden zu haben und weist Wachstumsraten gemessen am Bruttoinlandsprodukt zu laufenden Preisen von fast 6% auf. Dieses Wachstum ist wiederum auf steigende Exporte zurückzuführen. Abermals sind dabei die Handelserleichterungen mit den USA und Europa für die steigenden Exporte verantwortlich. So hat die Europäische Union im Jänner 2011 die Zölle im Rahmen des „General Systems of Preferences" für Textilien aus Kambodscha auf 0% gesetzt. Die Nachfrage nach Textilgütern aus Kambodscha in den USA ist ebenfalls wieder angestiegen[49]. Im Gegensatz zu den Entwicklungen in Vietnam ist in Kambodscha sichtbar, dass in Folge der Krise auch die private Konsumnachfrage eingebrochen ist.[50] Auffallend ist ebenfalls der Effekt der Krise auf die Bruttokapitalbildung, die vor der Krise stark angewachsen war. Der Rückgang hat vor allem den Tourismussektor getroffen. 2010 ist die Bruttokapitalbildung zwar wiederum angestiegen, liegt aber noch weit unter dem Vorkrisenniveau (hier sind die Jahre 2007 und 2008 angesprochen). Gleichzeitig steigen auch die Einnahmen aus dem Tourismus wiederum stark an, sodass im Jahr 2010 2,5 Millionen Touristen mit einem Beitrag von 1,7 Milliarden US-Dollar zur Entwicklung des Landes beigetragen haben.[51] Im ländlichen Raum ist die kambodschanische Wirtschaft immer noch im Wesentlichen von der Landwirtschaft abhängig. Hier hat man seit der Öffnung des Landes Mitte der

---

[43] Vgl. Davies, 2010a, S. 34
[44] Vgl. Homlong / Springler, 2010
[45] Vgl. Leung / Bingham / Davies, 2010, S. 3
[46] Siehe auch Davies, 2010b, S. 153
[47] Vgl. Asian Development Bank, 2011
[48] Vgl. Kimsun, 2011, S. 9
[49] Vgl. Brimble / Doung, 2011
[50] Vgl. Asian Development Bank, 2011b
[51] Vgl. Brimble / Doung, 2011

1990er Jahre nicht nur eine Unabhängigkeit in der Reisproduktion erreicht, sondern erzielt sogar einen Überschuss.[52]

Betrachtet man die Wertschöpfung nach Sektoren, so zeigt sich, dass der Industriesektor auch 2010 lediglich 23% der Bruttowertschöpfung ausmacht, während der Dienstleistungssektor und dabei vor allem der Tourismus in Phnom Penh und Angkor Wat bei einem stabilen Anteil von 41% hält. Die hohen Wachstumsraten der Wertschöpfung, die im Industriebereich und dabei vor allem in der Textilindustrie zu erzielen sind, zeigen jedoch die Dynamik dieses Sektors.[53]

2.3.2. Geld und Preisentwicklung

Kambodscha ist ein hoch dollarisiertes Land, in dem alle größeren Transaktionen in US-Dollar abgewickelt werden. Die nationale Währung Riel wird vor allem im Landwirtschaftssektor und in ländlichen Gegenden verwendet.[54] Damit büßt die kambodschanische Nationalbank (*National Bank of Cambodia NBC*) zwar Macht im Bereich der Geldpolitik ein, konnte aber beispielsweise die Finanzkrise in Asien Ende der 1990er Jahre besser überwinden als andere asiatische Staaten. Das bedeutet aber auch, dass die kambodschanische Nationalbank bis 2007 quasi nur ein Zuschauer bei den wachsenden Geldmengensteigerungen war, die sich aufgrund steigender Exporte und Investitionen ergaben.

Dementsprechend ist die Inflationsrate gemessen am Konsumentenpreisindex (CPI), vor allem aber auch der Nahrungsmittelpreisindex (FPI) bis 2008 stark angestiegen.[55] Die globale Finanzkrise hat auch in Kambodscha zu einem starken Abfallen der Preise geführt. Trotz dieses Einbruchs hat der effektive Wechselkurs zwischen Riel und US-Dollar im Jahr 2009 zugelegt.[56] Als Reaktion auf die Finanzkrise hat die kambodschanische Nationalbank die Mindestreserveraten für Einlagen in ausländischer Währung reduziert und versucht, die Liquidität der Banken durch eine neue Art der Kalkulation der Mindestreserven zu erhöhen[57]. Auf diese Weise wird die Dollarisierung des Landes weiter erhöht, gleichzeitig jedoch auch die sozioökonomisch Lage der ländlichen Bevölkerung weiter verschärft, welche durch die effektive Steigerung des Riel gegenüber dem US-Dollar belastet wird. Gleichzeitig zeigt sich, dass die Preissteigerungen entsprechend des Nahrungsmittelpreisindex höher waren, als jene gemessen am Konsumentenpreisindex. Somit sind die ärmeren Bevölkerungsgruppen verstärkt von diesen Entwicklungen betroffen.

2.3.3. Beschäftigung und sozialer Rahmen

Während die wirtschaftliche Entwicklung des Landes auf ein gutes Wachstumspotential hindeutet, zeigen die sozialen Indikatoren keine Verbesserung

---

[52] Vgl. CDRI, 2010
[53] Vgl. Asian Development Bank, 2010, 2011a
[54] Vgl. Davis, 2010b, S. 157
[55] Vgl. Asian Development Bank, 2011b
[56] Vgl. Brimble / Doung, 2011, S. 198
[57] Vgl. Brimble / Doung, 2011, S. 198

der Situation. In Kambodscha sind zirka 25% der Bevölkerung von Hunger bedroht oder unternährt.[58] Die mangelhafte soziale Absicherung wird deutlich wenn man bedenkt, dass in den letzten Jahrzehnten in Kambodscha ein Überschuss am Grundnahrungsmittel Reis erwirtschaftet wurde, der zunehmend auch exportiert wird.[59] Nach einer Erhebung von 2007 leben 25,8% der Bevölkerung von $1,25 US-Dollar pro Tag (gemessen nach Kaufkraftparitäten).[60] Im Jahr 1994 waren es noch über 48%. Trotz dieser Verringerung des Anteils der Bevölkerung unter der Armutsgrenze lebt ein Großteil der Bevölkerung in einer prekären sozioökonomischen Situation. Die Erwerbsquote und die Beschäftigungsquote sind 2009 auf über 80% angestiegen. Gleichzeitig sank die Arbeitslosenquote auf unter 1% ab.[61]

Im Jahr 2009 schwankte das durchschnittliche monatliche Einkommen der Selbständigen, die mit über 65% den größten Anteil der Erwerbstätigen ausmachen, zwischen 1.203.000 Riel (zirka 298 US-Dollar) in Phnom Penh und 382.000 Riel (zirka 95 US-Dollar) in ländlichen Gegenden[62]. Dabei lebt zirka 80% der kambodschanischen Bevölkerung in ländlichen Gegenden[63]. Genaueres zu den regionalen Disparitäten siehe Abschnitt 2.4.

2.3.4. Außenwirtschaft

Im Jahr 2010 machte das Exportvolumen zirka 4,5 Mrd. US-Dollar aus (siehe Tabelle 3). Die USA ist dabei der wesentlichste Exportpartner von Kambodscha. Im Vergleich zu 2005 sind die Exportvolumina in die USA weiter angestiegen. Die Hauptexportpartner aus der Europäischen Union sind Deutschland, Großbritannien, Spanien und die Niederlande. Der Anteil der Exporte in die Europäische Union ist zwischen 2000 und 2009 gesunken (von 20,5% auf 14,3%)[64] Die Volumina nach Vietnam sind von 2005 auf 2010 zwar von 46 Millionen US-Dollar 2005 auf 119 Millionen US-Dollar angestiegen. Im Gegensatz dazu ist durch die globale Wirtschaftskrise das Handelsvolumen mit Hong Kong und China stark eingebrochen (siehe Tabelle 3). Die Handelsbeziehungen zu Österreich sind in diesem Zusammenhang unwesentlich. Betrachtet man die ausländischen Direktinvestitionen (foreign direct investments, FDI) in % des Bruttoinlandsprodukts, so zeigt sich während der globalen Wirtschaftskrise ein deutlicher Einbruch.

---

[58] Vgl. Asian Development Bank, 2010, S. 66
[59] Vgl. CDRI, 2010, S. 8
[60] Vgl. Asian Development Bank, 2010, S. 69; siehe auch Sothorn, 2011, S. 107
[61] Vgl. National Institute of Statistics, o.J.; Asian Development Bank 2011b.
[62] Vgl. National Institute of Statistics, o.J., Tables 10.1A und 10.1B
[63] Vgl. CDRI, 2010, S. 6
[64] Vgl. Asian Development Bank, 2011a.

	2005	2010
Exporte gesamt	3014	4567
USA	1595	2184
Hong Kong, China	541	20
Kanada	107	347
Deutschland	225	295
Großbritannien	124	315
Singapur	70	143
Vietnam	46	119
Spanien	34	109
Japan	63	190
Niederlande	21	56

Anmerkung: Beträge in Mio US-Dollar

Tabelle 3: Exportvolumina und Zielländer für Kambodscha

Quelle: Asian Development Bank, 2011b; eigene Darstellung

Machte der Zufluss der ausländischen Direktinvestitionen im Jahr 2008 noch 8% des BIP aus, so sank dieser Anteil 2009 auf zirka 4,3% ab. Bereits im Jahr 2010 ist wiederum ein deutlicher Anstieg zu erkennen. Der Wert der Abflüsse von ausländischem Direktkapital befindet sich zwischen 2006 und 2008 in US-Dollar lediglich im zweistelligen Millionenbereich (zirka 25 Millionen US-Dollar im Jahr 2008).[65]

2.4. Regionale Daten Kambodscha
2.4.1. Geographische Daten und Bevölkerung
Im Folgenden wird Kambodscha anhand wichtiger geographischer und Bevölkerungsdaten in einem Kurzprofil vorgestellt:[66, 67]

---

[65] Vgl. World Bank, World Development Indicators Datenbank
[66] Vgl. CIA Factbook, 2011
[67] Vgl. Library of Congress, o.J.

Geographische Daten:
Fläche: 181.035 km² (nur Landfläche: 176.515 km²)
Grenzen zu: Thailand, Laos, Vietnam
Küste: 443 km
Klima: tropisch
Bevölkerungsdaten:
Einwohner: 14,7 Millionen (2011)
Bevölkerungsdichte: 83 Personen / km²
Geschlechterverteilung: 49% männlich / 51% weiblich
Bevölkerungswachstum: 1,698%
Altersverteilung:
 - 0-14 Jahre: 32,2%
 - 15-64 Jahre: 64,1%
 - Ab 65 Jahre: 3,8%
Lebenserwartung: 62,67 Jahre (60,31 Jahre Männer / 65,13 Jahre Frauen)
Alphabetisierung (ab einem Alter von 15 Jahren): 73,6% (84,7% männlich / 64,1% weiblich)
Anteil der Bevölkerung die in Städten lebt: 20% (2010), jährliche Urbanisierungsrate
 2010-2015: 3,2%
Bevölkerungsgruppen: Khmer 90%, Vietnamesen 5%, Chinesen 1%, andere 4%
Religionen: Buddhisten 96,4%, Muslime 2,1%, andere 1,5%

Im Vergleich mit Vietnam zeigen sich deutliche Entwicklungsunterschiede. So ist die durchschnittliche Lebenserwartung in Kambodscha fast zehn Jahre kürzer als in Vietnam. Die Altersverteilung in Kambodscha ist typisch für Entwicklungsländer, mit einem hohen Anteil an junger Bevölkerung und einem geringen Anteil ab 65 Jahre – diese Verteilung ist in Kambodscha deutlicher ausgeprägt als in Vietnam. Während die Alphabetisierungsrate in Vietnam 94% beträgt, liegt diese in Kambodscha bei nur 73,6%. Auf Unterschiede der Bildung und anderer Indikatoren innerhalb des Landes wird in Abschnitt 2.4.2. Kambodschas Regionen und regionale Disparitäten näher eingegangen. Auf der positiven Seite eines Vergleichs der genannten geographischen Daten mit Vietnam ist für Kambodscha die deutlich geringere Bevölkerungsdichte zu nennen – diese liegt in Vietnam mehr als drei Mal so hoch, was für Kambodscha einen geringeren Druck auf die Ressourcen bedeutet. Das Bevölkerungswachstum in Kambodscha liegt jedoch deutlich über jenem in Vietnam.

Vergleicht man die Bevölkerungszahlen für Kambodschas Provinzen, welche bei den Volkszählungen 1998 und 2008 erhoben wurden, so wird deutlich, dass vor allem Grenzregionen wie etwa die Provinzen *Pailin, Oddar Meanchey* und *Mondolkiri* besonders hohe Wachstumsraten aufweisen. Während das Bevölkerungswachstum in *Phnom Penh* und in der die Hauptstadt umgebende Provinz *Kandal* vor allem auf Arbeitsmöglichkeiten für junge Frauen in der Textilindustrie zurück zu führen ist, ist der Bevölkerungszuwachs in den peripheren Gebieten auf den Zuwachs an männlich dominierten Arbeitsplätzen auf

Gummiplantagen und im Goldbergbau (Provinz *Ratanak Kiri*), in der Landminenentfernung (Provinz *Oddar Meanchey*), wie auch in der Landwirtschaft (betrifft mehrere Provinzen) zurückzuführen.[68]

Im Vergleich zu anderen Ländern in Südostasien und auch international ist die Urbanisierung in Kambodscha relativ gering fortgeschritten – mit 80% lebt der Großteil der Bevölkerung am Land.[69] Dies ist in hohem Grad auf das *Khmer Rouge*-Regime zurückzuführen. Während der Herrschaft der *Khmer Rouge* 1975 bis 1979 wurde die Bevölkerung zum Umzug in ländliche Gebiete gezwungen. Nach Ende des Regimes begann ein Teil der Bevölkerung wieder in die Städte zu ziehen, mangels geeigneter Stadtplanung ist die Ressourcennutzung und die Infrastruktur in vielen städtischen Gebieten in schlechtem Zustand – dies betrifft sowohl die Verkehrsinfrastruktur, als auch Wasserver- und -entsorgung, Abfallmanagement und andere Bereiche.[70]

2.4.2. Kambodschas Regionen und regionale Disparitäten

Kambodscha ist nicht nur eines der ärmsten Länder Asiens (gemessen am BIP pro Kopf in Kaufkraftparitäten)[71], auch innerhalb des Landes gibt es deutliche Entwicklungsunterschiede. Während in Phnom Penh der Anteil der Bevölkerung unter der Armutsgrenze bei nur 1% liegt, ist der Anteil in anderen städtischen Gebieten 22% und am Land 35%. Von der in Abschnitt 2.3. Wirtschaft in Kambodscha aufgezeigten wirtschaftlichen Entwicklung haben fast ausschließlich die zentralen und stärker urbanisierten Regionen in und um die Hauptstadt und entlang der Küste profitiert. Der Entwicklungsunterschied zu den ländlichen Gebieten ist in den letzten Jahren sogar noch größer geworden. Während 2004 noch 91,6% der Kambodschaner welche unter der Armutsgrenze lebten am Land wohnten, so ist der Prozentsatz der armen Bevölkerung welche am Land lebt 2007 auf 92,7% angestiegen.[72] Auch die Entwicklung des *Gini*-Koeffizienten, ein Maß für die (Un-)Gleichverteilung des Einkommens innerhalb der Bevölkerung, weist auf eine zunehmende Ungleichentwicklung hin. Der Gini-Index lag 2004 noch bei 40 und 2007 bei 44,4, wobei ein Wert von 0 eine vollkommene Gleichverteilung des Einkommens, und ein Wert von 100 eine vollkommene Ungleichverteilung bedeutet.[73] In Bezug auf das *Millenium Development Goal* (MDG) *1*, das Ausmerzen von extremem Hunger, konnten in Kambodscha im Zeitraum 2007 bis 2010 deutliche Fortschritte erzielt werden; etliche Provinzen konnten eine Verbesserung verzeichnen.[74] Gleichzeitig wird jedoch die bereits erwähnte deutliche Ungleichverteilung der wirtschaftlichen und sozialen Entwicklung des Landes deutlich, die – wie auch in Vietnam – einem Zentrum-Peripheriemuster

---

[68] Vgl. National Institute of Statistics, 2008, S. 11
[69] Vgl. Central Intelligence Agency, 2011
[70] Vgl. Khemro, 2009, S. 5ff
[71] Vgl. Central Intelligence Agency, 2011
[72] Daten vom der letzten Volkszählung 2008; vgl. Ministry of Planning, 2010, S. 5ff
[73] Vgl. Central Intelligence Agency, 2011
[74] Vgl. UNICEF, o. J.; UNDP, 2011

folgt, bei dem städtische Zentren höhere wirtschaftliche Entwicklung und geringere Armutsraten als periphere Gebiete aufweisen.

Auch der Bildungsstand der Bevölkerung folgt dem gleichen Muster. Während der Schulbesuch auf Pflichtschulniveau im ganzen Land relativ gleichmäßig bei über 90% liegt – dieser liegt übrigens höher als in vielen anderen Ländern in der Region, liegt der Schulbesuch bei höherer Schulbildung in Phnom Penh bei über 50%, in anderen Städten bei über 40%, jedoch in ländlichen Regionen bei 20% und darunter. Dabei ist der Prozentsatz in den Grenzregionen zu den Nachbarländern besonders niedrig.[75] Wiederum ein ähnliches Muster zeigt sich bei der Verkehrsinfrastruktur. Von 35.000 Straßenkilometern in Kambodscha sind nur 2.000 km asphaltiert[76], und diese vielfach in zentralen Regionen.[77] Von den zehn Flughäfen des Landes sind zwei, nämlich Phnom Penh und Siem Reap, internationale Flughäfen. Das Bahnnetzwerk besteht aus zwei eingleisigen Linien in relativ schlechtem Zustand.[78] Angesichts des deutlich eingeschränkten Potentials an höher ausgebildeten Arbeitskräften und ungenügender Transportinfrastruktur in peripheren ländlichen Gebieten ist es nicht verwunderlich, dass ausländische Direktinvestitionen, welche einen wichtigen Wirtschaftsfaktor darstellen, auf zentrale Regionen konzentriert sind.

Literatur zu Kapitel 2:

Asian Development Bank (2010): Key Indicators for Asia and the Pacific 2010, www.adb.org/

Asian Development Bank (2011a): Asian Development Outlook 2011, Hanoi, www.adb.org

Asian Development Bank (2011b): Key Indicators for Asia and the Pacific 2011, www.adb.org/statistics

Australian Agency for International Development (2002), Vietnam Poverty Analysis, http://www.ausaid.gov.au/publications/pdf/vietnam_poverty_analysis.pdf

Brimble, Peter / Doung, Poullang (2011): Cambodia, in: Asian Development Outlook 2011, Asian Development Bank (Hrsg.), Hanoi

CDRI (2010): Cambodia Development Review, 14 (2). April-June 2010, http://www.cdri.org.kh/webdata/cdr/2010/cdr10-2e.pdf

Central Intelligence Agency (2011): The World Factbook, https://www.cia.gov/library/publications/the-world-factbook/

Chandler, David (o.J.): Cambodia, http://www.history.com/topics/cambodia

---

[75] Vgl. Ministry of Planning, 2010, S. 17f
[76] Vgl. Hansen, o.J., S. 3f
[77] Vgl. Chandler, o.J.
[78] Vgl. World Bank, 2011

Davies, Matt (2010a): The rise of China: implications for the Mekong countries, in: Leung, Suiwah / Bingham, Ben / Davies, Matt (Hrsg.): Globalization and Development in the Mekong Economies, Cheltenham: Edward Elgar

Davies, Matt (2010b): Cambodia: country case study, in: Leung, Suiwah / Bingham, Ben / Davies, Matt (Hrsg.): Globalization and Development in the Mekong Economies, Cheltenham: Edward Elgar

DVG (2008): Landeskundliche Daten, http://www.vietnam-dvg.de/dvg-daten.html

General Statistics Office Database (o.J.): www.gso.gov.vn

General Statistics Office of Vietnam (2008): Result of the Survey on Household Living Standards 2008, Statistical Publishing House, www.gso.gov.vn

General Statistics Office of Vietnam (2009): Population and population density in 2009 by province, http://www.gso.gov.vn/default_en.aspx?tabid=467&idmid=3&ItemID=9882

General Statistics Office of Vietnam (2011): Report on the 2010 Vietnam Labour Force Survey, Hanoi, www.gso.gov.vn

Hansen, I.A. (o.J.): SWOT analysis of transport in Cambodia identifying paths to higher efficiency and sustainability, http://www.codatu.org/english/conferences/codatu13/CodatuXIII-CDrom/codCD-Hansen.pdf

Haub, Carl / Phuong, Thi Thu Huong (2003): An Overview of Population and Development in Vietnam, Population Reference Bureau, http://www.prb.org/Articles/2003/AnOverviewofPopulationandDevelopmentinVietnam.aspx

Homlong, Nathalie / Springler, Elisabeth (2010): Effekte der Krise in Asien: Wachstum in Asien und die Suche nach der Mittelschicht, in: Kurswechsel 4/2010

Khemro, Beng / Hong, Soncheat (2009): Workshop Urbanisation in South East Asian Countries: Cities as Growth Engines, http://www.iseas.edu.sg/aseanstudiescentre/1clc-asc-ppt_khemro.pdf

Kimsun, Tong (2011): A Review of Cambodian Industrial Policy, in: CDRI Annual Development Report 2010-2011

Le, Q. Khanh (o.J.): A Perspective on Urban Development and Urbanization in Vietnam, Preliminary Draft, ASEAN Studies Center, http://www.iseas.edu.sg/aseanstudiescentre/1clc-asc-pr_khanh.pdf

Leung, Suiwah / Bingham, Ben / Davies, Matt (2010): Globalization and development in the Mekong economies: Vietnam, Lao PDR, Cambodia and Myanmar, in: Leung, Suiwah / Bingham, Ben / Davies, Matt (Hrsg.), Globalization and Development in the Mekong Economies, Cheltenham: Edward Elgar

Library of Congress (o.J.): Geography, http://countrystudies.us/cambodia/35.htm

Mellor, Dominic / Hong, Minh Chu / Luu, Thuc Phuong (2011): Viet Nam, in:

Asian Development Outlook 2011, Asian Development Bank, Hanoi www.adb.org

Ministry of Planning (2010): Achieving Cambodia's Millenium Development Goals, http://www.un.org.kh/undp/media/files/CMDG%20Report%202010.pdf

National Institute of Statistics (2008): General Population Census of Cambodia 2008, http://www.stat.go.jp/english/info/meetings/cambodia/pdf/pre_rep1.pdf

National Institute of Statistics (o.J.): Cambodia Socio-Economics Survey Tables, http://www.nis.gov.kh/index.php/social-statistics/cses/cses-tables

Nguyen, Huy Hoang (2009): Regional Welfare Disparities and Regional Economic Growth in Vietnam, Dissertation Wageningen Universiteit, http://edepot.wur.nl/2542

Nguyen, Van Suu (2009): Industrialization and Urbanization in Vietnam: How Appropriation of Agricultural Land Use Rights Transformed Farmers' Livelihoods in a Peri-Urban Hanoi Village?, EADN Working Paper No. 38, http://www.eadn.org/eadnwp_38.pdf

Sothorn, Kem (2011): Policy Options for Vulnerable Groups: Income Growth and Social Protection, in: CDRI Annual Report 2010-2011

Trading Economics (2011): Population density (people per sq. km) in Vietnam, http://www.tradingeconomics.com/vietnam/population-density-people-per-sq-km-wb-data.html

UCTAD (2009): World Investment Report 2009, www.unctad.org/WIR

UNDP (2011): New tool to help Cambodia measure progress towards MDGs, http://www.un.org.kh/undp/pressroom/stories/new-tool-to-help-cambodia-measure-progress-toward-mdgs

UNICEF (o.J.), Cambodia – Millenium Development Goals, http://www.unicef.org/cambodia/results_for_children_13102.html

Viet, Dung Dao / Tamura, Yumiko / Hong, Minh Chu / Luu, Thuc Phuong (2010): Viet Nam, in: Asian Development Outlook 2010, Asian Development Bank (Hrsg.), Hanoi

Vietfort (2011): Rice specifications, http://www.babanin.com/rice/riceSpecs.htm

Vu, Tuan Anh (2009): Uncovering Regional Disparities in Poverty in Viet Nam Using CBMS Data, http://www.pep-net.org/fileadmin/medias/pdf/promotionnal_material/CBMS/June2009.pdf

Vu, Tuan Anh (o.J.a): Regional poverty disparity in Vietnam, http://www.pep-net.org/fileadmin/medias/pdf/files_events/anh_pap.pdf

Vu, Tuan Anh (o.J.b): Regional poverty disparity in Vietnam, http://www.pep-net.org/fileadmin/medias/pdf/files_events/anh_Pres.pdf

World Bank (2011): Transport in Cambodia, http://web.worldbank.org/WBSITE/EXTERNAL/COUNTRIES/EASTASIAPACIFICEXT/EXTEAPREGTOPTRANSPORT/0,,contentMDK:20458706~menuPK:2066305~pagePK:34004173~piPK:34003707~theSitePK:574066,00.html

World Bank (o.J.): World Development Indicators Datenbank, www.worldbank.org

3. Vietnam – Umweltprobleme, Maßnahmen und Potentiale

In diesem Kapitel werden die übergeordnete Struktur der Umweltverwaltung Vietnams und die Verteilung der Kompetenzen zwischen den zuständigen Behörden dargestellt. Danach werden die speziellen Probleme der Bereiche Wasser, Abfall, Luft und Energie beleuchtet, rechtliche Grundlagen und staatliche Maßnahmen, sowie Potentiale für Geschäftstätigkeit für österreichische Umwelttechnologieunternehmen aufgezeigt.

3.1. Umweltschutzverwaltung
3.1.1. Struktur der Umweltschutzverwaltung

Die wichtigste Behörde für Umweltschutzverwaltung in Vietnam ist das *Ministry of Natural Resources and Environment* (MONRE). Zu den Aufgabenbereichen des Ministeriums gehören die Verwaltung von Land-, Wasser- und Bodenschätzen, sowie Umweltagenden. Das MONRE legt der Regierung Gesetzesvorlagen vor, entwirft Strategien, Jahres- und Fünfjahrespläne, erarbeitet technische Normen und Standards und arbeitet an der Umsetzung der Vorgaben und Pläne.[79] Weiters sind die staatlichen Umweltschutzagenturen von Bedeutung – auf staatlicher Ebene die *Vietnam Environmental Protection Agency* (VEPA) und in den Provinzen die dortigen *Environmental Protection Agencies* (EPAs).[80] Der *Vietnam Environment Protection Fund* (VEPF) wurde 2002 vom Premierminister ins Leben gerufen. Diese Institution ist für die Vergabe von Finanzierungen für Umwelt-Projekte und -Programmen zuständig. Einerseits werden Kredite zu niedrigen Zinsen (etwa 50% des normalen Zinsniveaus) vergeben, bisher laufen etwa 100 Projekte mit dieser Form der Finanzierung. Andererseits vergibt der VEPF finanzielle Förderungen für Umweltprojekte, zum Beispiel zur Energiegewinnung aus Abfall.

Der Hauptfokus wird beim VEPF auf folgende Gebiete gelegt: [81, 82]

- Abfallbehandlung
- Wasserverschmutzung
- Forschung und Entwicklung von umweltfreundlichen Technologien, zum Beispiel Luft- und Abwasserreinigung, und Energiesparen
- Vermeidung und Beseitigung von Umweltverschmutzung
- Schutz von Natur und Artenvielfalt
- Information und Bildungsarbeit

---

[79] Vgl. Ministry of Justice, 2002
[80] Vgl. Zschiesche / Duong, 2009, S. 43
[81] Vgl. Interview Nguyen, Nam Phuong, 2011
[82] Vgl. VEPF, o.J.

Der **Vietnam Environment Protection Fund** (http://www.vepf.vn/Home) ist nicht nur wie genannt für die Finanzierung von Umweltprojekten zuständig, sondern sieht sich auch als Anlaufstelle für ausländische Umwelttechnologieunternehmen und hat das Interesse an der Zusammenarbeit mit österreichischen Umwelttechnologieunternehmen ausdrücklich betont. Nach Ansicht des Direktors des VEPF sind ausländische Umwelttechnologieunternehmen bisher in Vietnam weit unter dem gegebenen Potential vertreten. Der VEPF stellt den Kontakt zu vietnamesischen Partnern her, und organisiert laufend Konferenzen und Informationsveranstaltungen, ist aber auch an der gemeinsamen Entwicklung von neuen Technologien mit ausländischen Umwelttechnologieunternehmen und dem Austausch von Fachkräften interessiert.[83]

3.1.2. Grundlagen des Umweltrechts

Obwohl es in Vietnam zahlreiche Umweltgesetze und Vorgaben im Bereich Umwelt gibt, gibt es in der Anwendung dieser Gesetze oftmals deutliche Mängel. Als Gründe dafür wurden von einigen der von den Autorinnen Befragten (vietnamesische und ausländische Umweltfirmen, Vertretungen von internationalen und ausländischen Institutionen)[84] Gesetzesmängel, ungenügende Kontrolle und Korruption genannt. Seit dem Umweltskandal um die Firma Vedan seien aber die Umweltanstrengungen der Regierung deutlicher geworden. Von staatlichen Finanzierungsmöglichkeiten für Umweltinvestitionen machen großteils die wohlhabenden Provinzen Gebrauch, während die ärmeren Provinzen staatliche Finanzierung für andere Projekte und Maßnahmen nützen.[85]

Der Vedan-Umweltskandal
Die Umweltpolizei und Inspektoren fanden 2008 heraus, dass die taiwanesische Firma Vedan – ein Produzent von Monosodiumglutamat – von einer Produktionsstätte in Vietnam durch versteckte Rohre unbehandelte Abwässer in den *Thi Vai*-Fluss geleitet hatten. Von der Verschmutzung waren sowohl Bauern im Umland, als auch Bewohner von Regionen flussabwärts, zum Beispiel in Ho Chi Minh City, betroffen. Geschätzte 80-90% des *Thi Vai*-Flusses sollen durch Vedan verschmutzt worden sein. Der darauf folgende Prozess erregte viel Aufmerksamkeit. Vedan hat sich nach einem mehrjährigen Prozess schließlich zu Schadenersatzzahlungen in der Höhe von VND 119 Milliarden[86] (ca. EUR 637.000) verpflichtet.

Nguyen Nam Phuong, Direktor des VEPF, berichtet von einer Verschiebung der Umweltinstrumente von Anreiz und Informationsmaßnahmen in Richtung finanzielle Mechanismen. So wurde etwa eine Gebühr für Abwässer ins Leben

---

[83] Vgl. Interview Nguyen, Nam Phuong, 2011 und Interview Tran, 2011
[84] Diese werden auf Wunsch der Befragten nicht namentlich zitiert
[85] Vgl. Interview Do, 2011
[86] Vgl. VOV News, 2010

gerufen und mittels eines neuen Gesetzes sollen Umweltsteuern eingeführt werden.

3.1.3. Investitionen für Umweltschutz

In den letzten Jahren hat die vietnamesische Regierung etwa 0,5% des BIPs für Umweltschutzmaßnahmen aufgewendet; diese Ausgaben wurden auf etwa 1% des BIPs angehoben.[87] Dies reicht allerdings laut dem *Ministry of Planning and Investment* nicht aus, um große Umweltprojekte zu finanzieren. Es sei geplant, dass die Regierung Vietnams Umweltprojekte in Zukunft priorisieren und dabei weniger als bisher auf internationale Hilfe zur Finanzierung zurückgreifen soll. Dabei wird der Hauptfokus auf folgende Bereiche gelegt:

- Umweltmaßnahmen in Industriezonen
- Entfernung von besonders verschmutzenden Industrien aus den Städten
- Sauberes Wasser in Städten, Wasserversorgung
- Aufforstung[88]

3.2. Wasser

3.2.1. Umweltprobleme im Bereich Wasser

Vietnam hat mit einer ganzen Reihe von Umweltproblemen im Bereich Wasser zu kämpfen, welche von einer Unterversorgung der Bevölkerung mit reinem Wasser über ungenügende Behandlung von Abwässern bis zur Verschmutzung von Oberflächen- und Grundwasserressourcen reichen. Im Abschnitt 3.2.1. Umweltprobleme im Bereich Wasser werden bedeutende wasserbezogene Probleme aufgezeigt. Dabei soll auch auf Abschnitt 2.2. Regionale Daten Vietnam verwiesen werden, in dem Grundlagen zur Wasserversorgung in Zusammenhang mit der wirtschaftlichen Entwicklung in verschiedenen Regionen des Landes aufgezeigt werden.

Wasserversorgung: Vietnam verfügt über relativ umfangreiche Wasserressourcen und zahlreiche Flüsse. Das Land ist einerseits von Berg- und Hügelgebieten im Nordosten, Nordwesten und in den zentralen Regionen geprägt, welche etwa drei Viertel des Landes ausmachen und zum anderen von Gebirgsflussebenen mit den großen Flussdeltas des Roten und des Mekong-Flusses. Weiters werden in Vietnam relativ hohe Niederschlagsmengen verzeichnet – im langjährigen Durchschnitt über 1.800 mm vergleichsweise liegt der Schnitt für Österreich bei etwa 1.100 mm.[89] Allerdings gibt es eine räumliche Ungleichverteilung des Niederschlags, und die Hauptmenge konzentriert sich auf die Monate Mai bis November. Die

---

[87] Vgl. U.S. Commercial Service Vietnam, 2010, S. 1
[88] Vgl. Interview Nguyen, Thi Dieu Trinh, 2011
[89] Vgl. World Bank, 2011c

Folge sind Dürreperioden einerseits, und Überflutungen andererseits.[90]

Wasserversorgung der Haushalte: In etwa 440 Städten Vietnams gibt es Wasserversorgungssysteme, ca. 25 Millionen Menschen haben Zugang dazu. Täglich werden in Summe ca. 4,5 Millionen m^3 Wasser verbraucht, das entspricht einem Wasserkonsum von 90 Litern pro Tag und Person.[91] Der Wasserkonsum variiert jedoch stark innerhalb Vietnams, je nach Größe der Stadt ist der Grad der Versorgung bzw. der Konsum unterschiedlich. So liegt etwa in der Hauptstadt Hanoi der Wasserkonsum mit ca. 150 Litern pro Tag und Person deutlich über dem landesweiten Durchschnitt.[92] Während die beiden größten Städte Hanoi und Ho Chi Minh City einen Versorgungsgrad von nahezu 100% aufweisen, liegt dieser bei kleineren Städten oft bei weniger als 60%.[93] Auch in Städten mit Wasserversorgungssystemen sind meist nicht alle Haushalte an dieses angeschlossen – die Anschlussraten liegen bei 20 bis 80%. Dies birgt Probleme für die Betreiber aufgrund der niedrigeren Einnahmen bei geringen Anschlussraten.[94]

Aber auch bei Haushalten mit einem Anschluss besteht teilweise Verbesserungsbedarf, unter anderem kommt es zu geringem Wasserdruck in höheren Geschoßen von Wohnhäusern, Unterbrechungen in der Versorgung und Leckagen im Versorgungsnetz – letztere führen bei den meisten kleinen Wasserversorgungsunternehmen zu Wasserverlusten von 30 bis 40%. Die Preise für Wasser liegen bei etwa 0,2-0,3 USD / m^3 und reichen zwar aus um die Betriebskosten zu decken, nicht jedoch für notwendige zusätzliche Investitionen.[95] In kleineren Städten haben die Bewohner aufgrund der unzuverlässigen Versorgung teilweise zusätzliche Kosten zu tragen, etwa für Pumpen und Wasserspeicher. Mit der steigenden Urbanisierung wird der Druck auf die Wasserversorgung in Zukunft noch weiter zunehmen.[96] In ländlichen Regionen haben 48% der Haushalte Anschlüsse an die Wasserversorgung, nur 16% sind an das Abwassersystem angeschlossen.[97] Dabei variieren diese Daten stark je nachdem wie entlegen die jeweiligen Regionen sind.

Wasserversorgung von Landwirtschaft und Industrie: Die Landwirtschaft ist durch Bewässerungsmaßnahmen der Sektor mit dem höchsten Wasserverbrauch – dieser macht etwa 82% des gesamten Wasserverbrauchs Vietnams aus. Die *doi moi*-Reformen Mitte der 1980er Jahre, in Rahmen derer Bewässerung forciert wurde, machten eine erhöhte Produktivität der Landwirtschaft erst möglich, und machten Vietnam zu einem wichtigen Nahrungsmittelexporteur. Es wird erwartet, dass der Wasserverbrauch der Landwirtschaft in den kommenden Jahren noch

---

[90] Vgl. Kellogg Brown & Root, 2008, S. 3
[91] Vgl. World Bank, 2011b, S. 2f
[92] Vgl. Nguyen, Hoang Anh, 2010
[93] Vgl. World Bank, 2011b, S. 2f
[94] Vgl. World Bank, 2007
[95] Vgl. World Bank, 2011a und World Bank, 2011b, S. 3
[96] Vgl. World Bank, 2011b, S. 3
[97] Daten der Vietnam Household Living Standards Survey 2004; vgl. World Bank, 2007

moderat steigen wird.[98]

Mit der starken wirtschaftlichen Entwicklung Vietnams geht auch ein steigender Wasserverbrauch der Industrie einher. Der industrielle Wasserkonsum wird von staatlicher Seite zwar nicht aufgezeichnet, doch beruhend auf Schätzungen wurden von diesem Sektor im Jahr 2006 3,767 Milliarden Kubikmeter Wasser verwendet. Dabei wird eine rasante Steigerung erwartet, denn 2015 soll der Verbrauch bereits bei 8,480 Milliarden Kubikmetern liegen. Dabei ist, entsprechend dem unterschiedlichen Grad der industriellen Entwicklung in verschiedenen Teilen des Landes, eine starke Ungleichverteilung des industriellen Wasserverbrauches zu beobachten: etwa 49% des Wasserverbrauchs entfielen 2006 auf den *Red River* und den *Thai Binh*-Fluss (welche gemeinsam das *Red River Delta* formen), die wichtigsten Flusssysteme des Norden des Landes. Weitere 25% entfielen auf den *Dong Nai* im Süden und 10% auf den *Cuu Long* (den Vietnamesischen Teil des Mekong), ebenfalls im Süden des Landes – die genannten Flüsse stellen somit fast 85% des gesamten Wasserverbrauchs der Industrie zur Verfügung.[99]

Abwasserentsorgung: Tabelle 4 zeigt die Verteilung der Abwassermenge auf kommunale- und Industrieabwässer, sowie deren Zuwachsraten von 2000 bis 2010. Sowohl am Land, aber noch mehr in den Städten fallen die enormen Zuwachsraten von 2000 bis 2010 auf – insgesamt hat sich die Menge an kommunalen Abwässern mehr als verdreifacht. Dies ist weniger durch das Bevölkerungswachstum zu erklären – dieses liegt bei 1,077% pro Jahr (Schätzung für 2011)[100], sondern ist zumindest teilweise auf die starke wirtschaftliche Entwicklung des Landes und den damit steigenden Wasserkonsum zurückzuführen.

Jahr	Kommunale Abwässer			Industrieabwässer (gesamt)
	Gesamt	Städte	Land	
2000	1,45	1,07	0,38	Keine Angabe
2006	2,66	2,01	0,65	1,10 (2004)
2010	4,56	3,58	0,98	Keine Angabe
Zuwachs 2000-2010	215%	235%	158%	--

Tabelle 4: Abwässer in Vietnam 2000, 2006 und 2010 nach Sektoren – in Millionen m^3 / Tag

Quelle: RCEE Energy and Environment JSC / Full Advantage Co., 2009, S. 4; eigene Darstellung, eigene Berechnungen

---

[98] Vgl. Kellogg Brown & Root, 2008, S. 104f
[99] Vgl. Kellogg Brown & Root, 2008, S. 85
[100] Vgl. CIA Factbook, 2011

Kommunale Abwässer: Obwohl nur 30% der Bevölkerung in Städten lebt[101], so entfallen doch fast 79% des kommunalen Abwasseraufkommens (dies inkludiert Haushaltsabwasser, aber auch Abwasser von Betrieben) auf die Städte. Dabei entfielen 32% der kommunalen Abwässer im Jahr 2010 auf Ho Chi Minh City (HCMC) und 18% auf Hanoi. Insgesamt zeigt sich, dass *Class III*- und *Class IV*-Städte eine deutlich niedrigere Abwasserproduktion pro Kopf aufweisen. Eine geringere Abwasserproduktion in kleineren Städten kann man unter anderem durch die dort schlechtere Wasserversorgung erklären. Die durchschnittliche BSB-Belastung in Städten pro Person und Tag liegt bei 33 g, wobei diese von 40 g in den *Special Cities* HCMC und Hanoi, über 35 g in *Class I*-Städten und 30 g in *Class II*-Städten, bis zu 25 g in Provinzstädten und 20 g in Kreisstädten und Dörfern reicht.[102] In den Städten werden etwa 30%[103] der gesamten kommunalen Abwässer behandelt, der Anteil der Abwässer aus Haushalten der behandelt wird liegt sogar bei unter 10%.[104] In ländlichen Gebieten liegen die Anteile noch deutlich darunter. Zur Behandlung von kommunalen Abwässern sind die meist genutzten Technologien Klärtanks und zentralisierte Abwasserreinigungsanlagen. Die Klärtanks werden häufig für menschliche Fäkalien verwendet; meist handelt es sich um aus Ziegeln hergestellte aus einer Kammer bestehende Tanks. Geschätzte 20% der kommunalen Abwässer werden in zentralisierten Abwasserreinigungsanlagen geklärt. Dies ist vor allem in den großen Städten der Fall, weiters planen auch mehrere mittlere und kleine Städte die Errichtung solcher Anlagen. Der restliche Anteil der ungeklärten Abwässer wird in Flüsse, Seen und Kanäle geleitet und führt zu starker Verschmutzung von vielen Flüssen und Kanälen des Landes.[105]

Industrieabwässer: Mengenmäßig liegen Industrieabwässer deutlich unter den kommunalen Abwässern, doch aufgrund ihrer Zusammensetzung erachtet das *Ministry of Natural Resources and Environment* durch Industrieabwässer verursachte Verschmutzungen von Gewässern und Böden als eine der größten Bedrohungen für die öffentliche Gesundheit und die Landwirtschaft.[106] Industrieanlagen in Industriezonen und -parks produzieren geschätzte 500.000-700.000 m³/Abwasser pro Tag, zu den Abwässern der ca. 300.000 Industriebetriebe außerhalb dieser Zonen und Parks gibt es keine ausreichenden Daten. In letzteren gibt es meist keine oder nur unzureichende Abwasserreinigungsanlagen und auch nur 30% der Industriezonen und -parks verfügen über zentralisierte Abwasserreinigungsanlagen. Die wichtigsten Quellen industrieller Abwässer sind Lebensmittelverarbeitung, chemische Industrie, Textil und Färben, Leder, Metallbeschichtung, Autoreparatur und Papierproduktion. Bei

---

[101] Vgl. CIA Factbook, 2011
[102] Vgl. RCEE Energy and Environment JSC / Full Advantage Co., 2009, S. 5
[103] Vgl. RCEE Energy and Environment JSC / Full Advantage Co., 2009, S. 5
104 Vgl. Nguyen, Hoang Anh, 2010
105 Vgl. RCEE Energy and Environment JSC / Full Advantage Co., 2009, S. 5
106 Vgl. World Bank, 2010b

stichprobenartigen Kontrollen im Jahr 2008 hatten zwar knapp 75% der überprüften Industriebetriebe Abwasserreinigungsanlagen, doch bei nur etwa 35% wurden die Umweltvorgaben erfüllt. Dies ist damit zu erklären, dass viele Industriebetriebe billige und technologisch wenig entwickelte Anlagen verwenden, nur um für die Behörden eine Abwasserreinigung aufweisen zu können. Abwasserreinigungsanlagen in Industriezonen können meist nur einen Teil der Schadstoffe reinigen, nicht jedoch Öl und Schwermetalle.[107]

Abwässer von Krankenhäusern: Bei vielen von Vietnams Krankenhäusern ist nicht nur die mangelhafte Entsorgung von gefährlichem Spitalsmüll problematisch (siehe dazu Abschnitt **Krankenhausabfall**), sondern auch die Behandlung von Abwasser. In Hanoi etwa machen die Abwässer aus Krankenhäusern laut MONRE einen erstaunlich hohen Anteil der gesamten Verschmutzung, welche durch Abwässer verursacht wird, aus: deren Anteil liegt bei 20,7%, jener von industriellen Abwässern liegt bei nur 0,5%, der Anteil von kommunalem Abwasser macht 78,7% aus. In Ho Chi Minh City verursachen 83 Spitäler und 26 Kliniken 17.000-20.000 m^3 Abwässer pro Tag, in Hanoi sind 32 Spitäler, über 200 Kliniken und über 2.000 private Praxen die Verursacher von über 6.000 m^3 Abwasser pro Tag.[108] Jedes Krankenhaus muss seine Abwässer selbst behandeln, bevor diese ins kommunale Abwassernetz geleitet werden[109], doch weniger als die Hälfte der Krankenhäuser hat Abwasserbehandlungsanlagen.[110] Laut einer Studie erreichen nur in 6% aller Spitäler alle gemessenen Parameter die vorgeschriebenen Werte. Gründe dafür sind Probleme die Menge an Abwässern zu behandeln (etwa wegen überfüllten Spitälern), der Einsatz unpassender Technologien und ungenügende Finanzierung für die Behandlung von Spitalsabwässern.[111]

Wasserverschmutzung: Vietnam hat ein umfangreiches Flussnetz. Es gibt 2.272 Flüsse mit einer Länge von über 10 km; 15 davon sind große Flüsse, wobei zehn davon grenzüberschreitend verlaufen. Während die Quellen der Flüsse meist geringe Verschmutzung aufweisen, nimmt die Wasserqualität flussabwärts bei vielen Flüssen stark ab.[112] Die wichtigsten Verschmutzungsquellen sind Abwässer von Haushalten, Industrien, Handwerksdörfern, Krankenhäusern, vom Bergbau und aus der Landwirtschaft.[113] Schadstoffe sind vor allem organische Substanzen, Schwebstoffe, Schwermetalle, Dünger und Pestizide. An fünf Flussläufen ist die Verschmutzung so hoch, dass laut Monitoring „Alarm-Status" erreicht wird. Diese sind *Mekong, Thai Binh, Dong Nai, Vu Gia-Thu Bon* und *Ca*. Im Mekong-Delta ist besonders Salz-Intrusion problematisch. Auch Seen, vor allem jene in den großen

---

107 Vgl. Ngyuen, Hoang Anh, 2010
108 Vgl. Ngyuen, Hoang Anh, 2010
109 Vgl. World Bank, 2010a
110 Vgl. Ngyuen, Hoang Anh, 2010
111 Vgl. World Bank, 2010a
112 Vgl. ASEM WaterNet, 2007, S. 3ff
113 Vgl. Duong, o.J., S. 12f

Städten, sind von teilweise alarmierender Wasserverschmutzung betroffen[114] – siehe dazu auch das Fallbeispiel in Abschnitt Wasserverschmutzung. Tabelle 5 gibt einen Überblick über die Wasserqualität beziehungsweise die wichtigsten Ursachen der Wasserverschmutzung in den verschiedenen Regionen Vietnams. Nicht verwunderlich ist die sich darin abzeichnende geografische Konzentration der Wasserverschmutzung auf Gebiete mit Bevölkerungsagglomerationen und Regionen mit starker wirtschaftlicher Entwicklung.

Region	Wasserqualität bzw. Ursache von Wasserverschmutzung
North West Region	Flüsse: allgemein gute Wasserqualität, gute Grund-wasserqualität
North East Region	Städtische Verschmutzung, Seetransport, Salz-Intrusion
Red River Delta	Städtische und industrielle Verschmutzung, Chemikalien aus der Landwirtschaft, Salz-Intrusion
North Central Coast	Städtische Verschmutzung, Salz-Intrusion
South Central Coast	Städtische Verschmutzung, Salz-Intrusion
Central Highlands	Flüsse: allgemein gute Wasserqualität, gute Grund-wasserqualität
South East Region	Städtische und industrielle Verschmutzung, Salz-Intrusion
Mekong River Delta	Niedriger ph-Wert der Flüsse durch saure Böden, Chemikalien aus der Landwirtschaft, Salz-Instrusion

Tabelle 5: Wasserqualität und Ursachen der Wasserverschmutzung in Vietnam nach Regionen

Quelle: Frost & Sullivan, 2011, S. 9; eigene Darstellung

Aquakultur hat in den letzten Jahren stark an Bedeutung gewonnen, und macht mehr als 40% der gesamten Fisch- und Meerestierproduktion Vietnams aus. Besonders im Mekong-Delta spielt Aqua-kultur eine bedeutende Rolle. Dort sind 60 bis 70% aller Haushalte in irgendeiner Form der Aquakultur tätig. Sowohl Aquakultur, als auch die Verarbeitung dieser Produkte bringt oftmals umfangreiche Wasserver-schmutzung mit sich. Weiters wurden in zahlreichen Fällen

---

[114] Vgl. ASEM WaterNet, 2007, S. 5ff

Mangroven-Wälder entfernt, um für Shrimps-Farmen Platz zu machen.[115]

> **Beispiel Saigon-Fluss**
>
> Der Saigon Fluss – für Vietnams größte Stadt Ho Chi Minh City sowohl als wichtigste Wasserversorgungsquelle, als auch als Ort an dem sich der Saigon-Hafen befindet höchst bedeutsam – ist ebenfalls stark verschmutzt. Der Fluss fließt durch 40 Industrieparks[116], von denen nur 21 über Abwasserreinigungsanlagen verfügen, wobei auch die geklärten Abwässer meist nicht die vorgeschriebenen Umweltstandards erfüllen. Darüber hinaus werden täglich 65.000 m^3 Abwässer aus der Landwirtschaft und von KMUs und 748.000 m^3 Abwässer aus angrenzenden Gemeinden in den Fluss geleitet. Weniger als 20% der Haushaltsabwässer werden zuvor behandelt, der Rest wird unbehandelt in den Fluss geleitet. Experten warnen vor den Auswirkungen der stetig zunehmenden Verschmutzung des Saigon-Flusses[117], zu jenen zählen schwere Erkrankung wie etwa Cholera, Magen-Darm-Entzündungen und Diarrhoe-Erkrankungen der Bewohner entlang des Flusses. Für den Zeitraum 2011 bis 2015 sind Investitionen für dreizehn große Wasserreinigungsprojekte – unter anderem für die Behandlung von Abwässern aus Industrieparks – im Umfang von 1,7 Billionen VND (= ca. 58 EUR Millionen) vorgesehen.[118]

Infolge der Verschmutzungen können viele Wasserläufe nicht für Trinkwasser verwendet werden, wasserbezogene Erkrankungen sind in manchen Gebieten stark verbreitet, und im Wasser lebende Tierarten können in einigen der stark verunreinigten Flüsse nicht überleben.[119]

3.2.2. Rechtliche und administrative Grundlagen im Bereich Wasser

Den Bereich Wasser betreffende Aufgaben sind auf etliche Ministerien und Behörden verteilt. Das Umweltministerium (MONRE) hat die Hauptzuständigkeit, während andere Ministerien jeweils die Verantwortung für Teilbereiche haben. Weiters von Bedeutung sind der *Vietnam Environmental Protection Fund*, private, staatliche und industrielle Interessensvertretungen, und NGOs. Das *National Water Resources Council* unterstützt die Regierung beratend bei wasserbezogenen Themen, wie etwa bei Projekten welche auf die Nutzung oder den Schutz von Wasserressourcen abzielen.[120] Die weiteren Zuständigkeiten der Provinzen, werden in Abschnitt Wasserver- und -entsorgung näher erläutert.

Wasserver- und -entsorgung: Im Bereich Wasser sind die Provinzen für die Bereitstellung der Dienstleistungen zuständig, wobei die Wasserversorgung durch

---

[115] Vgl. Kellogg Brown & Root, 2008, S. 114ff
[116] Vgl. Maps of World, o.J.
[117] Vgl. Viet Nam News, 2011
[118] Vgl. Viet Nam News, 2011
[119] Vgl. ASEM WaterNet, 2007, S. 5ff
[120] Vgl. Nguyen, Thai Lai, 2004, S. 2

Versorgungsbetriebe bereitgestellt wird, während die Provinz selbst mittels einer zuständigen Abteilung die Wasserentsorgung vorzunehmen hat. Die Rolle der Zentralregierung besteht im Erlassen von politischen Vorgaben und Richtlinien.[121]

Zur Erreichung von Abwasserreinigung gibt es folgende umweltpolitischen Instrumente:

- Umweltverträglichkeitsprüfung
- „Umweltschutzverpflichtung" (*Environmental protection commitment*) – dieses gilt für Industriebetriebe und -zonen welche vor dem 01.07.2006 in Betrieb genommen wurden
- Abwassereinleitungserlaubnis
- Abgaben für Abwässer
- Darüber hinaus gibt es Umweltnormen und eine Abwasser-Datenbank[122]

Wasserverschmutzung: Die *National Strategy for Environmental Protection until 2010 and vision toward 2020* zielt auf eine Verbesserung der Wasserqualität in den Flüssen ab. Relevante Gesetze in diesem Bereich sind:

- *Law on Water Resources* von 1998: verbietet die Einleitung von toxischen Stoffen und unbehandelt oder unzureichend behandelten Abwässern in Flüsse
- *Law on Environmental Protection*[123] von 2005 hat mehrere Vorgaben bezüglich des Schutzes von Flüssen
- *Decree No. 120/2008/ND-CP* sieht für Flüsse ein integriertes Wassermanagement vor

Weiters gibt es eine Reihe von nationalen Standards (TCVN) über die Wasserqualität[124]:

- TCVN 5945-2005 über Vorgaben zu industriellen Abwässern
- TCVN 5942-1995 über Vorgaben zur Qualität von Oberflächengewässern
- TCVN 5524-1995 über den Schutz von Oberflächengewässern
- TCVN 5295-1995 über den Schutz von Oberflächengewässern und Grundwasser vor der Verschmutzung durch Öl und Ölprodukte

Die Umsetzung der gesetzlichen Vorgaben und Standards ist jedoch mangelhaft – dafür gibt es eine Reihe von Ursachen: unpassende und ineffektive Wasserreinigungstechnologie, bei der Verminderung der Verschmutzung durch Abwässer wird der Fokus nur auf Industrieabwässer, nicht jedoch auf

---

[121] Vgl. World Bank, 2011a
[122] Vgl. Nguyen, Hoang Anh, 2010
[123] Für den Volltext des Gesetzes siehe:
http://www.vertic.org/media/National%20Legislation/Vietnam/VN_Law_on_Environmental_Protection.pdf
[124] Vgl. Nguyen, Minh Son, o.J., S. 38

Haushaltsabwässer gelegt, ungenügendes Monitoring und Inspektionen, das Fehlen eines funktionsfähigen *Information Management Systems*, Personalmangel, ungenügende Investitionen in Umweltschutzmaßnahmen für Flüsse, geringes Bewusstsein der Bevölkerung bezüglich der Problematik, sowie eine unklare Aufteilung der Kompetenzen zwischen dem *Department of Water Resources Management* und der *Vietnam Environment Administration*.[125]

3.2.3. Staatliche Maßnahmen

Wasserversorgung: Die Regierung hat als Vorgabe im Bereich Wasserversorgung für Städte den *Orientation Plan for Urban Water Supply Development to 2025 and Vision to 2050* ausgearbeitet. Folgende Ziele sollen laut dem 2009 beschlossenen Plan erreicht werden:

- Der Deckungsgrad der Wasserversorgung soll in Städten der Klasse I. bis IV. (kleinere nationale Städte, regionale, Provinz- und Kreisstädte – betrifft also nicht Hanoi und Ho Chi Minh City) bis 2020 auf 90% erhöht werden
- Schutz der Wasserressourcen
- Modernisierung der angewendeten Technologien
- Grundlagen schaffen damit die Wasserversorgungsunternehmen auf kommerzieller Basis geführt werden können
- Preisanhebung um Kosten zu decken

Zur Finanzierung des Ausbaus der Wasserversorgung nutzt die Regierung Entwicklungshilfemittel (*ODA – Official Development Assistance*): die Weltbank finanziert Wasserversorgungsprojekte in kleinen und mittleren Städten, Finnland solche in den nördlichen Bergregionen und Frankreich (mittels *AFD – Agence Française de Développement*) solche in den Provinzen des Mekong-Deltas. Die ODA-Mittel werden jedoch ab 2010 schrittweise reduziert[126], da das pro-Kopf-BIP Vietnams in diesem Jahr bereits 1.000 USD (nominal) überschritten hatte.[127] Dies bietet Potentiale für private Akteure, denn der Bedarf an Wasserversorgungsanlagen ist trotz reduzierter ausländischer Finanzierung äußerst umfangreich, und die vietnamesische Regierung möchte Unternehmen aktiv ansprechen, zum Ausbau der Wasserversorgungsinfrastruktur beizutragen.[128]

Für die ländlichen Regionen sehen die Pläne laut *National Rural Water Supply and Sanitation Sector Strategy to Year 2020* folgendermaßen aus:

- Bis 2020 sollen alle Bewohner von ländlichen Gebieten täglich Zugang zu 60 Liter reinem Wasser haben
- Alle sollen Zugang zu hygienischen sanitären Einrichtungen (Latrinen, Möglichkeiten sich regelmäßig die Hände waschen zu können) haben

---

[125] Vgl. ASEM WaterNet, 2007, S. 13ff
[126] Vgl. U.S. Commercial Service Vietnam, 2010, S. 2
[127] Vgl. U.S. Department of State, 2011
[128] Vgl. U.S. Commercial Service Vietnam, 2010, S. 2

Allerdings ist bei den gegenwärtig dafür vorgesehenen Investitionen nicht zu erwarten, dass diese Ziele erreicht werden.[129]

Abwasserentsorgung: Auch für den Bereich Abwasserentsorgung wurde ein ähnlicher Plan erstellt, der *Orientation Plan for Urban Drainage to 2025 and Vision to 2050*, infolge dessen folgende Vorgaben angestrebt werden:

- Die Deckung des Abwasserkanalnetzes bis 2020 auf 80% anheben
- Überflutungen in Städten vermindern, existierende Abwasserkanalisation sanieren
- Abwassererfassung und -behandlung in Städten der Klasse I. bis III. (kleinere nationale, regionale und Provinzstädte) bis 2020 auf 60% der Bevölkerung steigern, in Klasse IV. und V.-Städten (Kreisstädte und Gemeinden) auf 40%
- Zuschüsse sollen schrittweise durch Benützungsgebühren ersetzt werden
- Einführung von Abwassermanagement[130]

Der Investitionsbedarf für Wasserentsorgungssysteme für Gemeinden und Industrie liegt laut Schätzungen noch zwei bis drei Mal so hoch wie jener für die Wasserversorgung.[131]

Wasserverschmutzung: Wie bereits in Abschnitt 3.2.2. Rechtliche und administrative Grundlagen im Bereich Wasser angesprochen, werden die gesetzlichen Vorgaben zur Wasserverschmutzung oftmals ungenügend umgesetzt. Gründe dafür sind mangelndes Know-how, Mangel an Experten und überlappende staatliche Zuständigkeiten im Bereich Wasser. Die Einführung von Abwassergebühren (*Decree 67/2003/NC-CP*) im Jahr 2003 wurde noch nicht umfassend umgesetzt, unter anderem wegen des unzureichenden Monitorings.[132]

Fallbeispiel Wasserreinigung durch österreichisches Unternehmen in Hanoi

Dieses Beispiel zeigt, dass es trotz sehr guter Potentiale im Bereich Wasser auch negative Erfahrungen gibt. Ein österreichisches Unternehmen, das im Bereich Wasserreinigung tätig ist, wurde mit der Reinigung des *West Lake* in Hanoi beauftragt. Das Projekt wurde durch österreichische Politiker initiiert, und im Jahr 2000 wurde von Österreich ein Darlehen in der Höhe von etwa 30 Millionen EUR dafür bewilligt. Ursprüngliches Ziel war die Reinigung des stark verschmutzten Sees in Hanoi mithilfe österreichischer Technologie. Eine Machbarkeitsstudie wurde in Zusammenarbeit mit einem bekannten vietnamesischen Unternehmen erstellt. Nach langen Debatten und Uneinigkeit unter den beteiligten Vietnamesischen Organisationen, Behörden und Wissenschaftlern über die Effektivität des Projekts und die ODA (*Official Development Assistance*)-Kredite

---

[129] Vgl. World Bank, 2007
[130] Vgl. World Bank, 2011b, S. 1ff
[131] Vgl. U.S. Commerical Service Vietnam, 2010, S. 3
[132] Vgl. ICEM, 2011

wurde die Machbarkeitsstudie schließlich bewilligt. Allerdings verringerten die vietnamesischen Behörden den Projektumfang auf ein Drittel des ursprünglichen Betrages, mit dem Ziel, eine Abwasserreinigungsanlage zu installieren. Der Rest des Geldes sollte für eine Trinkwasseraufbereitungsanlage verwendet werden. Die Firma sollte für den West Lake eine schlüsselfertige Anlage errichten, inklusive Design und Technologie. Der von den vietnamesischen Behörden gewünschte Standort für die Abwasserreinigungsanlage war aus Sicht des österreichischen Unternehmens problematisch. Die vietnamesischen Behörden änderten ihre Meinung mehrmals, dies zog sich über vier Jahre. Letztendlich entschied sich die vietnamesische Verwaltung ganz gegen das Projekt. Die österreichische Firma erhielt für das Consulting 1,2 Millionen EUR, die Aufwendungen waren aber deutlich höher. Schließlich wurde ein Kompromissbetrag ausgehandelt, der jedoch von vietnamesischer Seite bisher nicht gezahlt wurde. Die Abwässer gehen weiterhin ungeklärt in den West Lake.[133]

3.2.4. Potentiale im Bereich Wasser

Die in den Abschnitten Wasserversorgung und Abwasserentsorgung aufgezeigten Pläne Vietnams zur Verbesserung der Wasserver- und -entsorgung, stellen den Ausgangspunkt zur Darstellung der Potentiale im Bereich Wasser dar.

Um diese Planziele bei der Wasserver- und -entsorgung in den Städten zu bewältigen, muss Vietnam jährlich etwa 600 Millionen USD aufwenden. Zudem sind weitere Investitionen notwendig, um die bereits bestehende Wasserinfrastruktur instand zu halten und aufzurüsten.[134] Somit gibt es in bei Wassertechnologie gute Potentiale, vor allem in den nächsten Jahren – ein Interviewpartner, der in diesem Bereich tätig ist, meinte, dass „der vietnamesische Markt in fünf Jahren abgegrast sein wird".[135]

Allerdings gibt es keinen übergeordneten Plan zu Finanzierung der Investitionen – diese sind größtenteils auf Finanzierung durch Entwicklungshilfeprojekte angewiesen.[136] Die wichtigsten Finanzierungsquellen für Wasser-bezogene Projekte für Kredite sowie Förderungen sind die Weltbank und die Asian Development Bank – siehe dazu auch Tabelle 6. Weiters gewähren Japan, Deutschland, Dänemark, Finnland, die Niederlande und Frankreich mittels bilateraler Entwicklungshilfe Finanzierung für Wasserprojekte.

Dabei ist das *Ministry of Planning and Investment* jene Behörde, welche die Planung von Investitionsprojekten vornimmt und welche die Entwicklungshilfemittel *(Official Development Assistance – ODA)* koordiniert. Die staatlichen Industrien – diese sind die größten Abnehmer von Wasserversorgungs-, -reinigungsausrüstungen und -anlagen – sind ebenfalls auf

---

[133] Vgl. Interview; der Interviewpartner möchte anonym bleiben; die Fallstudie wird mit Zustimmung des Interviewpartners aus dem dargestellten Unternehmen präsentiert
[134] Vgl. World Bank, 2011a
[135] Vgl. Interview Frings, 2011
[136] Vgl. World Bank, 2011b, S. 3

Entwicklungshilfemittel angewiesen. Dabei ist Vietnam überwiegend von Importen abhängig, zum Beispiel von:[137]

- Chemikalien zur Wasserbehandlung
- Wasserfiltrierungssysteme
- Wasserzähler, Motoren, Pumpen, Ventile
- Kontrollsysteme

	2010	2011	2012 (Prognose)
Weltbank	USD 2,5 Mrd.	USD 2,6 Mrd.	USD 2,7-2,8 Mrd.
Asian Development Bank	USD 1,5 Mrd.	USD 1,5 Mrd.	USD 1,5-1,6 Mrd.

Tabelle 6: Finanzierung von Wasser-bezogenen Projekten 2010 bis 2012
Quelle: Frost & Sullivan, 2011, S. 18; eigene Darstellung

In den Industriezonen muss noch viel in Wasserreinigungssysteme investiert werden [138], und die staatliche Finanzierung von Umweltmaßnahmen in Industriezonen wird priorisiert.[139] Mit besserer Kontrolle der Einhaltung von Umweltvorgaben wird auch die Nachfrage nach Wasserreinigungssystemen steigen; bislang können vor allem ausländische Unternehmen entsprechende Anlagen aufweisen.[140] Der *Vietnam Environmental Protection Fund* nennt die Verbesserung der Wasserqualität von verschmutzten Gewässern als einen wichtigen Bereich für Umweltinvestitionen.[141] In peripheren Gebieten besteht für Wasseraufbereitung umfangreicher Bedarf. Allerdings muss die Technologie auf die Kunden zugeschnitten sein. Somit werden einfache – meist kleine oder mittlere Anlagen – zu niedrigen Kosten, welche leicht bedient werden können, gebraucht. Dabei ist laut *National Academy for Environmental Technology* (auch: *Vietnam Academy of Science and Technology, Institute of Environmental Technology*) nicht unbedingt eine optimale Wasserqualität notwendig. Auch bei Pumpen wurde von der *Academy* darauf hingewiesen, dass ausländische Unternehmen oft zu kostspielige Technologie in Vietnam anwenden wollen. Am sinnvollsten wäre entsprechende ausländische Technologie, welche in Vietnam produziert wird.[142] Auch wenn der Bedarf am Land besonders groß ist, soll laut *Ministry of Planning and Investment* von staatlicher Seite besonders die Trinkwasserversorgung in Städten finanziert werden. Das *Ministry of Planning and Investment* fördert BOT-

---

[137] Vgl. Frost & Sullivan, 2011, S. 16f
[138] Vgl. Interview Ha, 2011
[139] Vgl. Interview Nguyen, Thi Dieu Trinh, 2011
[140] Vgl. van Wasbeek, 2006
[141] Vgl. Interview Nguyen, Nam Phuong, 2011
[142] Vgl. Interviews Nguyen, Minh Son und Nguyen, Thi Hue, 2011

Projekte (*build – operate – transfer*). So soll Abwasserreinigung in den großen Städten unter anderem mittels BOT-Projekten umgesetzt werden. Die Abgaben der Haushalte werden aufgrund der geringen durchschnittlichen Einkommen und damit fehlenden Möglichkeit zur Bezahlung von Tarifen, welche BOT-Projekte rentabel machen würden, vom Staat finanziell unterstützt. *Private Public Partnerships* (PPP) sind bisher in anderen Bereichen als im Umweltsektor üblich, wie etwa im Straßenbau, doch diese sollen in Zukunft auch im Umweltbereich aktuell werden.[143]

3.3. Abfall
3.3.1. Umweltprobleme im Bereich Abfall

Die Verteilung des Abfalls in den Jahren 2006 und 2010 auf die Abfall generierenden Sektoren zeigt die folgende Tabelle 7.

Fester Abfall	Menge (in Mio. Tonnen)		Zuwachs 2006-2010
	2006	2010	
Kommunale Abfälle	15,8	21,0	33%
Industrieabfälle	2,9	3,2	10%
Krankenhausabfälle	0,11	0,13	18%
Landwirtschaftliche Abfälle	68,0	72,0	6%
Tierische Abfälle	56,5	60,7	7%

Tabelle 7: Feste Abfälle in Vietnam 2006 und 2010 nach Sektoren

Quelle: RCEE Energy and Environment JSC / Full Advantage Co., 2009, S. 4; eigene Darstellung, eigene Berechnungen

Zu den kommunalen Abfällen werden Abfälle aus Haushalten, Betrieben und Dienstleistungsunternehmen gezählt. Wie Tabelle 7 zeigt, machen landwirtschaftliche und tierische Abfälle mit Abstand den größten Anteil an der Menge des festen Abfalls aus. Kommunale Abfälle wiederum verzeichneten die höchste Zuwachsrate – um ein Drittel im Laufe von nur vier Jahren.

Städtischer Müll / Hausmüll: Die Menge an kommunalem festem Abfall hat sich im Zeitraum 1999 bis 2010 mehr als verdoppelt, wobei vor allem ein starker Anstieg der Abfallmenge in den Städten ab Mitte der 2000er Jahre zu beobachten ist. Der Zuwachs im ländlichen Bereich ist dagegen deutlich geringer. Der

---
[143] Vgl. Interview Nguyen, Thi Dieu Trinh, 2011

auffallende Anstieg in den Städten ist mit der steigenden Urbanisierung, der erhöhten Produktion in Betrieben und dem steigenden Konsum in den Städten zu erklären.Die Abfallmenge pro Person variiert einerseits abhängig davon ob es sich um Städte oder ländliche Gebiete handelt (mit im Schnitt höheren Abfallmengen in den Städten), andererseits gibt es aber auch einen Unterschied zwischen der Trocken- und der Regenzeit. So lag die Müllmenge in Hanoi im Sommer 2008 (während der Regenzeit) bei 545-572 g, im Winter 2009 (Trockenzeit) lag diese bei 462 g pro Person und Tag.[144] Für ganz Vietnam lag der Schnitt von festem kommunalem Abfall pro Person und Jahr 2010 bei 211 kg[145]. Tabelle 8 zeigt eine deutliche Steigerung des Aufkommens an festem kommunalem Abfall von 1997 bis 2010. Dabei ist überraschend, dass die Steigerungsraten am Land (136% Anstieg von 1997 bis 2010) etwa gleich hoch sind wie jene in den Städten (142% im gleichen Zeitraum).

	1997	2003	2010
Städte	0,52	0,84	1,26
Land	0,16	0,29	0,38
Vietnam gesamt	0,25	0,43	0,65

Tabelle 8: Entwicklung des Aufkommens an festem kommunalem Abfall 1997-2010, in kg / Person /Tag; Werte von 2010 sind Schätzungen

Quelle: RCEE Energy and Environment JSC / Full Advantage Co., 2009, S. 12; eigene Darstellung

Während der Bevölkerungsanstieg in den Städten und Dörfern in diesem Zeitraum bei 21% lag, stieg die Müllmenge jedoch um 59% an. Die aufgezeigten Steigerungen der Abfallmengen sind sowohl durch einen Anstieg der Müllmenge pro Person, als auch durch Bevölkerungswachstum (besonders in den Städten) entstanden. Die Zusammensetzung des kommunalen Abfalls zeigt einen für Entwicklungs- und Schwellenländern typischen hohen Anteil an organischem Abfall.[146] In Städten werden im Schnitt 70% des Hausmülls der Abfallsammlung zugeführt, in ländlichen Gebieten etwa 40%. Wo keine öffentliche Müllsammlung vorhanden ist, ist die eigenhändige Entsorgung von Abfall üblich. Es gibt 91 Mülldeponien für festen Abfall, wovon aber nur 17 als nicht gesundheitsgefährdend eingestuft werden können. Getrennte Sammlung von festem Abfall gibt es nur sehr eingeschränkt, so etwa in Teilen von Hanoi und in Ho Chi Minh City.[147] Für die Sammlung, Behandlung und Entsorgung von kommunalen Abfällen – das betrifft meist nicht nur Haushaltsabfall, sondern auch

---

[144] Vgl Ngo / Pham, 2011, S. 27
[145] Vgl. Wagner / Le, 2010, S. 4; dieser Wert liegt etwa 26 kg unter dem Jahreswert, welcher in Tabelle 8, basierend auf anderen Quellen, präsentiert wird.
[146] Vgl. Wagner / Le, 2010, S.5
[147] Vgl. Nguyen, Thanh Lam, 2009, S. 6f

solchen von Industrien und Krankenhäusern – sind öffentliche städtische Umweltunternehmen (*Urban Environment Companies* – URENCOs) zuständig. Die Praktiken der URENCOs haben sich in den letzten Jahren zwar deutlich verbessert, doch die kommunalen Abfälle werden nach wie vor überwiegend in nicht sicherer Weise entsorgt.[148] In ländlichen Gebieten fast zwei Drittel des Abfalls verbrannt, nur ein geringer Anteil von unter 7% wird von der Müllabfuhr gesammelt. In den Städten ist Verbrennen des Mülls die Form der Müllentsorgung, die am zweit meisten angewendet wird. Bei den Deponien handelt es sich zudem in vielen Fällen um offene Ablagerungsplätze, in welchen der Müll unbehandelt entsorgt wird.[149]

Beispiel Abfallmanagement Ho Chi Minh City

Ho Chi Minh City ist mit über 7 Millionen Einwohnern Vietnams bevölkerungsreichste Stadt und nimmt als wichtigstes wirtschaftliches Zentrum des Landes eine besondere Stellung ein. Abfall wird von den Haushalten (mehr als 1,8 Millionen Wohnungen und Häuser), den Hotels und Restaurants (über 10.000), dem Gesundheitssystem (184 Krankenhäuser und über 600 öffentliche Gesundheitszentren, sowie Kliniken / Arztpraxen), Märkten (über 400) und Industriebetrieben (2.000 große Industriebetriebe und über 10.000 KMUs) inner- und außerhalb der zehn Industriezonen, drei Import-Exportzonen, 33 Industriegebieten und der High-Tech-Zone generiert.[150] Betrachtet man die täglich anfallenden Mengen an Abfall, zeigt sich, dass Haushalte mit 6.200-6.400 Tonnen pro Tag unter den genannten Verursachern mit Abstand die größte Menge an Müll generieren. Industrieabfälle stellen mit 1.500-2.000 Tonnen pro Tag die zweitgrößte Komponente dar.[151] Die Menge an festem Abfall steigt in HCMC mit 8-10% jährlich besonders stark. Dies ist nicht nur auf den Bevölkerungszuzug zurückzuführen – die Bevölkerung nahm von etwa 5 Millionen im Jahr 1998 auf über 7 Millionen im Jahr 2009 zu, sondern auch auf die steigende Abfallmenge pro Person, welche (mit deutlichen jährlichen Schwankungen in diesem Zeitraum) von 1998 von 0,51 kg / Person / Tag auf 0,81 / Person / Tag im Jahr 2009 zunahm.[152] In Ho Chi Minh City wird zusätzlich zu dem in der Stadt generierten Abfall auch Müll aus umgebenden Regionen behandelt. Zur Sammlung und Behandlung von Abfall steht der Stadt folgende Infrastruktur zur Verfügung[153]:

Für die Abfallsammlung ist die *Ho Chi Minh City Environmental Company* (CITENCO) zuständig, mit dem Transport des Abfalls sind mehr als 30 Firmen beauftragt:

- Drei Anlagen zur Behandlung von festem Abfall: in Summe 3.060 ha

---

[148] Vgl. U.S. Commercial Service Vietnam, 2011
[149] Vgl. World Bank, 2008, S. 19
[150] Vgl. Ho Chi Minh City People Committee, 2011, S. 3
[151] Vgl. Ngo / Pham, 2011, S. 30
[152] Vgl. Ho Chi Minh City People Committee, 2011, S. 4
[153] Vgl. Ngo / Pham, 2011, S. 30 und Ho Chi Minh City People Committee, 2011, S. 6ff

- Drei Kompostieranlagen: 1.000 Tonnen / Tag
- Zwei Deponien: 3.000 Tonnen / Tag
- Recycling:
  Über 8.000 Recycling-Geschäfte welche Altmaterialien verkaufen
  Über 18.000 private Abfallsammler 40 Firmen für die Sammlung und Behandlung von gefährlichem Abfall

Das Abfallmanagement von Ho Chi Minh City konnte mit der wirtschaftlichen Entwicklung der Stadt nicht mithalten, es steht vor einer ganzen Reihe von Problemen. Zu diesen Problemen zählt, dass es in den Haushalten keine Mülltrennung gibt und, dass die Müllgebühren die Kosten der Müllsammlung und -behandlung nicht decken. Weiters werden veraltete und unhygienische Handwägen zur Mülleinsammlung verwendet, die teilweise neben Müllwägen zum Einsatz kommen. Schließlich werden undichte Deponien und andere Umweltprobleme von Deponien und Kompostieranlagen bemängelt.[154]

Industrieabfall: Der Anstieg der Menge an Industrieabfall noch deutlicher als jener von kommunalem Abfall. Hier ist im Zeitraum 1997 bis 2010 fast eine Verdreifachung der Abfallmenge zu beobachten – ein Trend in dem sich die starke industrielle Entwicklung des Landes widerspiegelt. Auch die Menge an gefährlichem Industrieabfall hat in diesem Zeitraum deutlich zugenommen.[155] Mit 47% der gesamten Menge an Industriemüll ist die Leichtindustrie der größte Verursacher von Industriemüll, gefolgt von der chemischen Industrie mit 24% und der Metallurgie mit 20%. Ca. 80% des Industrieabfalls sind recycelbar. Auf die Recyclingpraktiken im Industriebereich wird im Abschnitt 3.3.1.2. näher eingegangen.[156]

Gefährlicher Industriemüll: Die industrielle Entwicklung Vietnams der letzten Jahre hat zu einem starken Anstieg der Produktion von gefährlichem Industrieabfall geführt. Vor allem Elektrik und Elektronik, mechanische Industrien, lebensmittelverarbeitende Industrien, Metallurgie und chemische Industrien produzieren hohe Anteile an gefährlichem Abfall, wie Tabelle 9 zeigt. Die Produktion von diesen Abfällen ist vor allem in den Industriezonen im Süden des Landes konzentriert.[157] In Tabelle 9 ist außerdem ersichtlich, welche Arten von gefährlichem Abfall in diesen Industrien anfallen. Die fachgerechte Trennung von verschiedenen Arten von gefährlichem Industrieabfall ist wenig verbreitet. Recycling von gefährlichem Industriemüll wird von einigen, meist kleinen Unternehmen durchgeführt. Oftmals besteht dies darin, dass leere Behälter gereinigt und wiederverwertet werden. Einige Firmen haben sich auf das

---

[154] Vgl. Ho Chi Minh City People Committee, 2011, S. 13ff
[155] Vgl. Huynh, o.J.
[156] Vgl. Nguyen, Thanh Lam, 2009, S. 4
[157] Vgl. Nguyen, Thi Kim Thai, 2009, S. 258

Recycling von Ölrückständen spezialisiert, wobei dies nicht nach westlichen Standards durchgeführt wird. Auch ist die Sammlung von gefährlichem gemeinsam mit normalem Industrieabfall, welcher dann auf Deponien für Haushaltsmüll entsorgt wird, weit verbreitet.[158]

Krankenhausabfall: Vietnam hat 1.186 Spitäler mit insgesamt über 187.000 Betten. Das Gesundheitswesen in Vietnam erzeugt täglich etwa 350 Tonnen medizinischen Abfall, davon sind 40 Tonnen gefährlicher Abfall. Auf Basis von mehreren Erhebungen wird geschätzt, dass lediglich 65% der Krankenhäuser den Müll trennen. 20 bis 25% des Spitalsabfalls wurde dabei als gefährlicher Abfall behandelt, jedoch nur 7% der Spitäler haben überhaupt die Voraussetzungen, gefährlichen Abfall geeignet zu behandeln. Jene Krankenhäuser die den gefährlichen Abfall behandeln tun dies überwiegend mittels Müllverbrennung. In diesem Zusammenhang gab es von umliegenden Gemeinden in vielen Fällen Beschwerden aufgrund der Rauchentwicklung, und Stichproben von Anlagen haben erhöhte Konzentrationen von gefährlichen Substanzen ergeben. Von den Abfallverbrennungsanlagen in Provinz- und Kreisspitälern sind 25% reparatur- oder erneuerungsbedürftig und 19% nicht in Betrieb[159] - letzteres daher, da in vielen Spitälern die finanziellen Mitteln fehlen, um die Anlagen zu betreiben. Häufig wird dann der gefährliche Spitalsabfall gemeinsam mit dem restlichen Spitalsabfall entsorgt, bzw. in Krankenhäusern im ländlichen Raum üblicherweise überhaupt mit dem normalen Abfall entsorgt.[160]

E-Waste: Mit dem steigenden Wohlstand für größere Teile der Bevölkerung – die Armutsquote ist seit den 1990ern stark gefallen (siehe dazu auch Abschnitt 2.2.) und Vietnam hat aufgrund seines hohen BIP-Zuwachses den Sprung von einem Land mit niedrigem zu einem mit mittlerem Einkommen (*middle income country*, laut Definition der Weltbank) geschafft[161] – geht auch ein steigender Konsum von elektronischen Artikeln einher. Aber auch die zunehmende Produktion von elektronischen Geräten ist eine wichtige Erklärung für den starken Anstieg an elektrischem und elektronischem Abfall (e-Waste) in Vietnam. Jährlich fallen geschätzte 1.630 Tonnen industrieller e-Waste an, wobei der Großteil (84%) im Norden des Landes anfällt, gefolgt von 15,6% im Süden des Landes, während auf die zentralen Regionen nur 0,4% der Menge entfallen. Weiters werden jährlich ca. 133.000 elekrische und elektronische Haushaltsgeräte, wie Fernseher und Waschmaschinen entsorgt, und 300.000 Computer.[162]

---

[158] Vgl. Nguyen, Thi Kim Thai, 2009, S. 260
[159] Vgl. World Bank, 2010a
[160] Vgl. Nguyen, Thanh Yen, 2008, S. 12
[161] Vgl. World Bank, o.J.
[162] Vgl. Huynh, o.J.

Industriesektor	Anteil gefährlicher Abfall am gesamten Abfall in %
Mechanische Industrien	47,4%: 12,5% ätzend 28,1% toxisch 6,3% brennbar 0,7% gemischt
Elektrische und elektronische Industrien	76,8%: 0,8% ätzend 60,4% toxisch 12,8% brennbar 2,0% gemischt
Chemische Industrie	69,3%: 18,2% ätzend 43,8% toxisch 4,5% brennbar 2,8% oxidierend
Lebensmittelverarbeitende Industrien	23,6%: 0,5% ätzend 5,3% brennbar 17,5% biologisch abbaubar 0,3% gemischt
Textil, Leder, Färben	46,5%: 25,3% toxisch 4,9% brennbar 15,8% biologisch abbaubar 0,5% gemischt
Metallurgie	42,8%: 14,2% ätzend 26,5% toxisch 0,5% brennbar 1,6% gemischt
Baumaterialien	23,5%: 1,2% ätzend 18,4% toxisch 3,5% brennbar 0,4% gemischt

Tabelle 9: Anteil von gefährlichem Abfall am gesamten Abfall nach Industriezweigen in Vietnam

Quelle: Nguyen, Thi Kim Thai, 2009, basierend auf: Centre for Environmental Engineering of Towns and Industrial Areas, 2006, Reports on surveying of hazardous waste in Vietnam, The Centre, Hanoi; eigene Darstellung

3.3.2. Rechtliche und administrative Grundlagen und staatliche Maßnahmen im Bereich Abfall

Wie auch in anderen Umweltbereichen ist die Zuständigkeit für Abfall auf mehrere Ministerien verteilt. Die Hauptzuständigkeit obliegt beim Umweltministerium (MONRE). Die Provinzen und Gemeinden – dort die jeweiligen *People's Committees* (PC), *Department of Natural Resource and Environment* (DONRE) und die *Urban Environment Company* (URENCOs) – sind für die Entsorgungsdienstleistungen verantwortlich. Dabei sehen die Zuständigkeiten in den Provinzen und Gemeinden wie folgt aus:[163]

- PCs: zuständig für die staatliche Verwaltung auf lokaler Ebene. Aufgaben im Bereich Abfall:
  - Koordination mit Behörden auf staatlicher Ebene
  - Umsetzung der staatlichen Abfallmanagementpläne
  - Beratung der lokalen Ebene bezüglich geeigneter Abfallmanagementprojekte und -anlagen und Subventionen für Anlagen
- DoNRE: diese Behörde untersteht dem MONRE. Aufgaben im Bereich Abfall:
  - Umsetzung von Abfallwirtschaftsgesetzen und -vorgaben
  - Monitoring von Umweltstandards
- URENCO: Unternehmen mit Hauptverantwortung in den Bereichen Abfallsammlung, Transport und Behandlung in den Städten und Provinzen

Städtischer Müll / Hausmüll: Folgende gesetzliche Regelungen und Strategien sind für den Bereich Hausmüll relevant:

- Die *National Strategy for Environmental Protection until 2010 and vision toward 2020*[164] sieht vor, dass bis 2020 30% des gesammelten Abfalls recycelt werden soll. Die notwendige Infrastruktur für Recycling und Abfallbehandlungsanlagen soll vom Staat gemeinsam mit Investoren geschaffen werden
- *National Decree No. 59/2007-ND-CP*[165] über festen Abfall von 2007
- Die *National Strategy of Integrated Solid Waste Management up to 2025, vision towards 2050*[166] sieht die in Tabelle 10 dargestellten Ziele vor. Laut

---

[163] Vgl. Thanh / Matsui, 2011, S. 286
[164] Für das gesamte Strategiedokument siehe:
http://www.theredddesk.org/sites/default/files/national_env_strategy_1.pdf
[165] Für den Volltext des Gesetzes siehe: http://kenfoxlaw.com/resources/legal-documents/governmental-decrees/2706-vbpl.html
[166] Für den Volltext siehe: http://www.uncrd.or.jp/env/spc/docs/PM_NSISWM_Eng.pdf

dieser Strategie sollen bis 2050 alle Arten von festem Abfall gesammelt, behandelt und wiederverwertet werden; nur ein Mindestmaß an Abfall soll deponiert werden. Der Annex der Strategie gibt einen Überblick über alle Programme, mit welchen die Implementierung der Vorgaben erreicht werden soll.[167]

Ziele	Bis 2015	Bis 2020	Bis 2025
Sammlung und geeignete Behandlung von festem Abfall in Städten	85%	90%	100%
Anteil davon der wieder verwendet oder recycelt wird, in Energie umgewandelt wird oder aus dem biologischer Dünger gemacht wird	60%	85%	90%
Sammlung des festen Abfalls von Baustellen	50%	80%	90%
Anteil davon der wieder verwendet oder verwertet wird	30%	30%	60%
Reduktion der Plastiksäcke welche in Supermärkten verwendet werden, im Vergleich zu 2010	-40%	-65%	-85%
Anteil der Städte mit eigenen Recyclinganlagen für Abfall aus Haushalten	50%	80%	80%
Anteil des Abfalls aus ländlichen Gebieten der gesammelt und geeignet behandelt wird	40%	70%	90%
Anteil des Abfalls aus Handwerks-dörfern der gesammelt und geeignet behandelt wird	50%	80%	100%

Tabelle 10: Ziele der National Strategy of Integrated Solid Waste Management up to 2025, vision towards 2050

Quelle: Prime Minister Socialist Republic of Vietnam, 2009; eigene Darstellung

---

[167] Vgl. Prime Minister Socialist Republic of Vietnam, 2009

- *Directive 23/2005/CT-TTg* des Premierministers über die Verbesserung der Abfallwirtschaft in Städten und in Industriezonen: zielt auf verstärktes Recycling und weniger Deponierung von Müll ab; sieht die Errichtung von Recyclinganlagen vor
- *Law on Environmental Protection* (2005) [168] : auch hier ist Recycling vorgesehen, ein weiteres Ziel ist die Energiegewinnung aus Abfall
- Die *National Strategy on Reduce, Reuse and Recycle* (Entwurf) soll in Gemeinden und Industriezonen für Haushaltsmüll und gefährlichen Abfall zur Anwendung kommen und sieht verschiedene Ziele für die Sammlung, Deponierung und das Recycling von festem Abfall vor[169]

Für die Sammlung, den Transport und die Behandlung von festem kommunalem Abfall sind Abgaben in der Höhe von VND 40.000 (ca. EUR 1,4) pro Tonne vorgesehen[170]

Industriemüll: Die unter Abschnitt **Städtischer Müll / Hausmüll** genannte *National Strategy of Integrated Solid Waste Management up to 2025, vision towards 2050*[171] betrifft auch den Bereich Industrieabfall. Laut Strategie sollen bis 2015 80% aller nicht gefährlichen Industrieabfälle gesammelt und in geeigneter Weise behandelt werden, 70% sollen wieder verwendet oder recycelt werden. Die Vorgaben für die gleichen Ziele bis 2020 sind 90% Sammlung und Behandlung und 75% Wiederverwendung oder Recycling und für 2025 100% Sammlung und Behandlung. Für gefährlichen Industriemüll aus Industrieparks ist bis 2015 vorgeplant, dass 60% in umweltfreundlicher Weise behandelt werden, bis 2020 soll dies auf 70% des gefährlichen Industrieabfalls zutreffen.[172] Weiters sind folgende Vorgaben für normalen und gefährlichen Industrieabfall relevant[173]:

- Wiederum das *Vietnam Law on Environmental Protection* von 2005
- *National Decree No. 59/2007-ND-CP*[174] über festen Abfall von 2007. Dieses behandelt die Vorgaben zum Abfallmanagement, mit besonderem Fokus auf Recycling, Wiederverwendung und Abfallbehandlung und dem Ziel der Minimierung von Deponierung von Abfall
- *Circular No. 12/2006/TT-BTNMT*[175] aus dem Jahr 2006 behandelt unter anderem die Registrierung und Konzessionserteilung für gefährlichen Abfall

---

[168] Für den Volltext des Gesetzes siehe: http://www.vertic.org/media/National%20Legislation/Vietnam/VN_Law_on_Environmental_Protection.pdf
[169] Vgl. Nguyen, Thanh Lam, 2009, S. 10ff
[170] Vgl. Sakai et al., 2011, S. 91
[171] Für den Volltext siehe: http://www.uncrd.or.jp/env/spc/docs/PM_NSISWM_Eng.pdf
[172] Vgl. Prime Minister Socialist Republic Vietnam, 2009
[173] Vgl. Nguyen, Thi Kim Thai, 2009, S. 260f; Sakai et al., 2011, S. 9; Ngo / Pham, 2011, S. 26f
[174] Für den Volltext des Gesetzes siehe: http://kenfoxlaw.com/resources/legal-documents/governmental-decrees/2706-vbpl.html
[175] Für den Volltext siehe: http://faolex.fao.org/docs/pdf/vie71725.pdf

- *Decision No. 23/2006/QD-BTNMT* von 2006 enthält eine Liste über die Arten von gefährlichem Abfall[176]
- *Decision No. 155/1999/QD-TTg* aus dem Jahr 1999 mit Vorgaben für die Produzenten von gefährlichem Abfall und über dessen Transport und Lagerung[177]

Für die Sammlung, den Transport und die Behandlung von gefährlichem Abfall sind Abgaben von bis zu VND 6,000.000 (ca. EUR 200) pro Tonne vorgesehen.[178]

Gefährlicher Abfall: Gesetzliche Vorgaben für gefährlichen Abfall aus der Industrie werden in Abschnitt Industriemüll behandelt, Vorgaben für andere Formen von gefährlichem Abfall sind Gegenstand dieses Abschnittes.

Abfall aus dem Gesundheitswesen: 2007 hat das Gesundheitsministerium die Bestimmung *Decision 43/2007/QD-BYT*[179] über die Behandlung von festem und flüssigem Krankenhausabfall erlassen. Damit wurde die Behandlung des gesamten festen Krankenhausabfalls bis 2010 und des gesamten flüssigen Krankenhausabfalls bis 2015 vorgesehen. Im Gegensatz dazu sieht die *National Strategy of Integrated Solid Waste Management up to 2025, vision towards 2050* bis 2015 vor, dass 85% des gefährlichen und 70% des nicht gefährlichen Abfalls aus dem Gesundheitssektor gesammelt und in umweltfreundlicher Weise behandelt werden müssen. Laut dieser Strategie soll eine 100%ige Sammlung und geeignete Entsorgung des gefährlichen wie auch des nicht gefährlichen Abfalls aus dem Gesundheitssektor erst bis 2020 erreicht werden.[180] Das *Ministry of Health* hat auch eine Reihe von Rahmenplänen betreffend Müll aus dem Gesundheitssektor erlassen:

- *Master Plan for Environmental Protection in Health Sector from 2009 to 2015, Decision 1873-QD-BYT*
- *National Action Plan for Healthcare Waste Management Vietnam* (von 2009)
- *Master Plan for Solid Healthcare Waste Treatment System* (von 2007)

Die letzteren beiden Pläne wurden zwar nicht verabschiedet, dienen jedoch als Referenzdokumente.[181] Anstrebte Ziele für die Behandlung von Krankenhausabfall sind die Verwendung von anderen Technologien als Abfallverbrennungsanlagen, zentralisierte Anlagen in den größeren Städten, die Zurverfügungstellung von adäquater Finanzierung von Anlagen und Schulungen zum Management von Abfall aus dem Gesundheitswesen. Zu den Gesetzesvorgaben für den

---

[176] Für die Liste siehe:
http://www.env.go.jp/en/recycle/asian_net/Country_Information/Law_N_Regulation/Vietnam/Dec_23_2006QD-BTNMT.pdf
[177] Für den Volltext siehe: http://faolex.fao.org/docs/pdf/vie20283.pdf
[178] Vgl. Sakai et al., 2011, S. 91
[179] Für die Bestimmung im Volltext siehe http://faolex.fao.org/docs/pdf/vie78161.pdf
[180] Vgl. Prime Minister Socialist Republic Vietnam, 2009
[181] Vgl. World Bank, 2010a

Krankenabfall gehören:[182]

- *Decision No. 62/2001/QD-BKHCNMT* über die technischen Vorgaben für Verbrennungsanlagen für medizinischen Abfall
- *Decision No. 2575/1999/QD-BZT* über das Management von medizinischem Abfall
- *Official letter No. 4527-DTg* über die Behandlung von festem Krankenhausmüll

Für diesen Bereich zuständige Behörden sind auf staatlicher Ebene das Gesundheits- und das Umweltministerium, auf Provinzebene das *Provinical Department of Health* und das *Provincial Department of Natural Resources and Environment*.[183]

E-Waste: Für e-Waste gibt es in Vietnam keine besonderen gesetzlichen Regelungen und Definitionen, verschiedene Arten von e-Waste sind vielmehr einzeln in der Liste von gefährlichen Abfällen der *Decision 23/2006/QD-BTN&MT* aufgelistet.[184] Die in Abschnitt 3.3.2.2. (Industriemüll) genannten gesetzlichen Vorgaben sind auch für e-Waste relevant, sowie weiters:

- *Decree No. 174/ND-CP* aus dem Jahr 2007 über Umweltschutzabgaben für festen Abfall
- *Decree No. 67/2003/ND-CP* von 2003 über Umweltschutzabgaben für Abwässer
- *Interministerial Circular No. 002/2007/TLT-BTC-BTNMT* von 2007 über die Implementierung von Artikel 43 des Umweltschutzgesetzes bezüglich des Importes von Altstoffen[185]
- *Article 67* des *Law on Environmental Protection 2005* sieht die Rücknahme von gebrauchten Batterien, elektronischen und elektrischen Geräten durch Produktions- und Dienstleistungsbetriebe vor[186]

In Vietnam ist nicht nur der Import von jeder Art von gefährlichem Abfall – dazu gehört auch e-Waste – verboten, sondern auch der Import von gebrauchten elektronischen Geräten für die Wiederverwendung.[187] Allerdings sind die bisherigen gesetzlichen Vorgaben für e-Waste nicht ausreichend, und die bestehenden Gesetze werden nur ungenügend umgesetzt und angewendet. Auch sind die vorhandenen Kapazitäten für das Recycling von e-Waste nicht ausreichend.[188]

---

[182] Vgl. Le et al., 2009, S. 265
[183] Vgl. Nyuyen, Thanh Yen, 2008, S. 15
[184] Vgl. Nyuyen, Thanh Yen, 2010
[185] Vgl. Huynh, o.J.
[186] Vgl. Nguyen, Thanh Yen, 2010
[187] Vgl. Wendell, 2011, S. 3
[188] Vgl. Huynh, o.J.

3.3.3. Potentiale im Bereich Abfall

Wie in den Abschnitten Städtischer Müll / Hausmüll und Industriemüll aufgezeigt, hat sich die Regierung Vietnams für die Sammlung und Behandlung von Industrieabfall in Städten und am Land bis 2025 ambitionierte Ziele gesetzt, welche interessante Geschäftspotentiale mit sich bringen. Im Bereich des Managements von festem kommunalem Abfall alleine wird erwartet, dass der Markt im Zeitraum 2012 bis 2015 um über 15% wächst.[189] Eine vergleichende Studie des Abfallmanagements in verschiedenen vietnamesischen Städten[190] zeigt folgende Potentiale auf – dies sind in diesen Städten und Provinzen konkrete Möglichkeiten, diese stehen aber auch stellvertretend für Möglichkeiten in zahlreichen anderen Regionen des Landes:

- Ho Chi Minh City: aufgrund von ungenügender Kapazität und deutlichem Anstieg an Abfallmengen starker Bedarf an Anlagen zur Behandlung von gefährlichem Abfall für die Stadt und die Industriezonen
- *Ba Ria-Vung Tau* (im Süden des Landes; die Stadt *Vung Tau* ist das Zentrum der Rohölförderung Vietnams): es sind nur wenige Abfallbehandlungsanlagen vorhanden, welche darüber hinaus nicht die Umweltstandards erfüllen, daher Bedarf an weiteren Anlagen
- *Binh Duong* (Provinz im Süden des Landes mit zahlreichen Industriebetrieben): nur 60% des Abfalls werden gesammelt, über 100 Tonnen Abfall, darunter auch Industrieabfall, werden täglich illegal entsorgt; es besteht somit ein großer Bedarf an organisierter Abfallsammlung und -behandlung

Der hohe Anteil an organischem Material am Haushaltsabfall bietet ein Potential für Kompostierung, sobald ein höherer Grad an Mülltrennung erreicht wird.[191] Nicht nur die Mülltrennung ist bisher noch unzureichend, es gibt es auch im Bereich der Müllsammlung Potentiale.[192] Weiters besteht im Bereich *Waste to Energy* Bedarf und Interesse an Projekten mit ausländischen Partnern.[193] Wie in den Abschnitten 0 Industrieabfall und 0Abfall aus dem Gesundheitswesen aufgezeigt, besteht im Bereich von Krankenhausabfall ein starker Bedarf an Abfallbehandlungsanlagen. Ein 2011 von der Weltbank bewilligtes Projekt, das *Hospital Waste Management Support Project*, soll sowohl eine verbesserte Organisation der Abfallbehandlung, als auch die eine Aufrüstung der Anlagen finanzieren.[194] Laut *National Academy for Environmental Technology* besteht auch umfangreicher Bedarf bei kleinen Krankenhäusern und Ambulatorien in den

---

[189] Vgl. RNCOS, 2011
[190] Vgl. Ngo / Pham, 2011, S. 30
[191] Vgl. U.S. Commerical Service, 2011
[192] Vgl. Interview Bruck, 2011
[193] Vgl. Embassy of Sweden, 2011
[194] Siehe dazu http://www.wds.worldbank.org/external/default/WDSContentServer/ WDSP/IB/2011/03/10/000333038_20110310002102/Rendered/PDF/576280PAD0P1190OFFICIAL0USE0ONLY060.pdf

Provinzen, wobei dort kleine Anlagen benötigt werden.[195]

3.4. Luftverschmutzung

Derzeit ist Vietnam zwar weltweit gesehen einer jener Staaten mit den geringsten pro Kopf-Emissionen von Kohlendioxid – im Jahr 2007 lag der Wert bei 1,07 Tonnen pro Kopf, was rund 20% des weltweiten Durchschnitts entspricht. Misst man jedoch die Emissionen in Relation zur wirtschaftlichen Leistung des Landes so ergeben sich Werte, die das Doppelte vom weltweiten Durchschnitt ausmachen. Dabei wird prognostiziert, dass durch die steigende Industrialisierung die Emissionen durch fossile Brennstoffe weiter ansteigen werden. Dabei wird im Jahr 2025 mit einem Anteil von bis zu 93% an fossilen Brennstoffen an der gesamten Energieerzeugung gerechnet[196].

3.4.1. Umweltprobleme im Bereich Luftverschmutzung

Die Steigerung bei CO_2-Emissionen wird bis 2025 mit 8,5% prognostiziert, was einem Anstieg auf 400 Millionen Tonnen entspricht. Neben den CO_2-Emissionen wird auch bei den SO_2-Emissionen eine Steigerung von 0,34 Millionen Tonnen auf 1,14 Millionen Tonnen im Jahr 2025 erwartet. 83% aller Emissionen fallen in den Bereichen Energie, Industrie und Transport an.[197] Der Bereich Energie, der in 3.5. Energie gesondert behandelt wird, wird an dieser Stelle nur in Bezug auf die unmittelbaren Effekte für Luftverschmutzung diskutiert.

„Asian Green City Index": Hanoi unterdurchschnittlich

Das unabhängige Forschungsinstitut „Economist Intelligence Unit" hat im Auftrag von Siemens im Jahr 2011 22 Großstädte in Asien hinsichtlich ihrer Leistungen beim Umwelt- und Klimaschutz untersucht.[198] Ein Teil dieser Untersuchung (eine von insgesamt acht Kategorien) bildet den CO_2- Ausstoß ab. Das Bild, das insgesamt im Bereich des CO_2-Ausstoßes gezeichnet wird, ist ernüchternd. Alle untersuchten Städte weisen einen relativ hohen Anteil an Luftverschmutzung auf, sodass alle Städte die WHO-Standards deutlich überschreiten. Im Gesamt-Ranking der untersuchten 22 Städte liegt Hanoi (gemeinsam mit Kolkata, Manila, Mumbai und Bengaluru) im Bereich unterdurchschnittlich. Die einzige Stadt, die ein schlechteres Ergebnis mit „weit unter dem Durchschnitt" aufweist ist Karatschi.[199] Dabei sind die Werte für Energie (dabei handelt es sich um eine Kategorisierung, die mehrerer Indikatoren zu Energieverbrauch und -zusammensetzung enthält) und CO_2 Emissionen in Hanoi im Vergleich zu den anderen Kategorien in dem für die

---

[195] Vgl. Interviews Nguyen, Minh Son und Nguyen, Thi Hue, 2011
[196] Vgl. Minh / Sharma, 2011, S. 5772
[197] Vgl. Minh Do / Sharma 2011, S.5772
[198] Vgl. Economist Intelligence Unit, 2011
[199] Vgl. Siemens, 2011

Studie verwendeten Jahr 2007 noch relativ gut gewesen. Seit 2007 jedoch haben sich auch in diesen Bereichen die Werte weiter verschlechtert, sodass das Ranking für Hanoi nach aktuellen Daten sogar eine Tendenz zu Verschlechterung aufweist. Das Ergebnis des Rankings kam für die offiziellen Stellen in Hanoi nicht überraschend; Maßnahmen zur Verbesserung der Lage werden geplant. Die Effekte der Luftverschmutzung werden beispielsweise durch das *Swiss-Vietnam Clean Air Programme* verdeutlicht, in dem gezeigt wird, dass in Hanoi die Luftverschmutzung durch Staub in vielen Gegenden das Vierfache der erlaubten Grenzwerte annimmt. Jedes Jahr können um die 600 Todesfälle auf Luftverschmutzung und Staub zurückgeführt werden. Das *United Nations Environment Programme* bezeichnet in seinem globalen *Environment Outlook* für das Jahr 2007 Hanoi und Ho Chi Minh City als zwei von sechs Städten mit der höchsten Luftverschmutzung weltweit.[200]

Luftverschmutzung in den einzelnen Sektoren: Tabelle 11 zeigt den Anteil der Emissionsquellen in Ho Chi Minh City im Jahr 2000. Dabei wird deutlich, dass der Industriesektor in allen Emissionsarten die höchsten Werte aufweist. In den letzten Jahren hat sich zwar das Niveau der Verschmutzung insgesamt stark erhöht, die Struktur der Verschmutzungsquellen blieb jedoch gleich und zeichnet sich ähnlich, wie in Tabelle 11 dargestellt, ab.

	Industrie	Transport	Haushalt
SO2	92	5	3
NOx	38	61	1
CO	15	84	1
CO2	77	12	10
HC	5	94	-

Anmerkungen: SO_2 = Schwefeldioxid; NO_x = Stickoxide; CO = Kohlenmonoxid; CO_2 = Kohlendioxid; HC = Hydrocarbon

Tabelle 11: Emissionsquellen in Ho Chi Minh City in % im Jahr 2000

Quelle: ADB, 2006, Table 2.2

In Tabelle 11 wird dabei der Energiesektor nicht separat ausgewiesen – dieser Sektor ist jedoch auch in steigendem Maß für die Verschmutzung verantwortlich zu machen. Freilich ist der steigende Energiekonsum wiederum auf die Entwicklung im Industriesektor zurückzuführen, sodass der Industriesektor zum einen durch die direkten Emissionen, zum anderen jedoch auch durch den erhöhten Energiebedarf an der steigenden Luftverschmutzung mitverantwortlich ist.

---

[200] Vgl. Tung, 2011

Haushalte haben demgegenüber einen vernachlässigbar kleinen Anteil an der Luftverschmutzung in Ho Chi Minh City. Die Hauptverursacher innerhalb des Industriesektors variieren zwischen den Städten, konzentrieren sich jedoch auf die Bereiche der Textilindustrie, Zement, Glasverarbeitung, Papierproduktion, Stahl und Rohstoffabbau, sowie den Bausektor (siehe Tabelle 12). Prognosen zur künftigen Luftverschmutzung in Vietnam und den Verschmutzern zeigen, dass im Zeitraum von 2000-2035 der Industriesektor mit einem Wachstum von 40% die höchste Steigerung der Emissionen zu verzeichnen haben wird. Der Transportsektor hat mit einer Steigerung von 35% annähernd hohe Steigerungsraten, während der Energiesektor mit 13% weit darunter liegt, ebenso wie die Haushalte mit 5% und der Dienstleistungssektor mit 6%[201]

Stadt	Sektoren und Industriebereiche
Hanoi	Transport, Baugewerbe, Textilindustrie, Glasverarbeitung
Ho Chi Minh City	Transport, Bau, Thermische Energieerzeugung, Eisen- und Stahlverarbeitung
Da Nang City	Eisen und Stahlverarbeitung, Transport
Hai Phong City	Zementfabriken, Glasverarbeitung, Transport
Can Tho City	Transport und Baugewerbe
Da Lat	Transport
Vinh City	Zementfabriken, Papiererzeugung
Bien Hoa	Transport
Thai Nguyen Provinz	Rohstoffabbau, Stahlerzeugung, Thermische Energieerzeugung
Quang Ninh Provinz	Rohstoffabbau
Ha Nam Provinz (Kein Khe village)	Zementproduktion
Bac Ninh Provinz Duong o Village	Papierproduktion, Steinbruch

Tabelle 12: Emissionsquellen in Großstädten und Provinzen in Vietnam
Quelle: Clean Air Initiative for Asian Cities (CAI-Asia) Center, 2010, Table 2.2.1.

---

[201] Vgl. Watcharejyothin, 2009, Table 10d.

Management der Luftqualität: Neben der Luftverschmutzung im Allgemeinen ist auch das Monitoring und die Datenqualität eine Herausforderung für Vietnams Großstädte. Dabei unterscheidet man drei Ebenen des Monitorings:

- Das nationale Netzwerk zur Überwachung der Luftqualität,
- Das Provinz- und Stadtniveau,
- Sowie eine ad hoc-Überwachung und Messung für Studien und Projekte

Unter 3.4.2. Rechtliche und administrative Grundlagen im Bereich Luftverschmutzung ist die Darstellung der verantwortlichen Behörden zu finden. Auf der nationalen Ebene wurden 1995 erstmals Luftqualitätsmessungen zu sechs Emissionswerten (CO, NO_2, SO_2, lead particulate, O_3 und SPM) vorgenommen. Der Hauptkritikpunkt am Luftmonitoring bestand in der Vergangenheit vor allem in der Tatsache, dass es keine Vernetzung innerhalb des Systems zwischen den Städten gegeben hat. Darüber hinaus gab es auch qualitative Unterschiede in den Messungs- und Datenerhebungsprozessen zwischen Hanoi und Ho Chi Minh City. Dabei hatte Ho Chi Minh City eine vergleichsweise gute Ausstattung aufzuweisen. [202] Verbesserungen der technischen Vorgaben wurden 2009 vorgenommen und 2010 umgesetzt, sodass die Messungen nun mit den Regulierungen der WHO vergleichbar sind.[203]

3.4.2. Rechtliche und administrative Grundlagen im Bereich Luftverschmutzung

Der administrative und rechtliche Rahmen zur Luftreinhaltung wird durch vier Ebenen repräsentiert:

- eine nationale,
- eine provinzielle, die auch Städte umfasst,
- eine ländliche, die Distrikte und Kleinstädte beinhaltet und
- eine kommunale Ebene, welche die Dorfstrukturen abbilden soll

Die öffentlichen Stellen auf diesen vier Ebenen haben unterschiedliche Aufgaben im Bereich Luftreinhaltung und Luftqualität zu erfüllen.[204]

Die nationale Ebene steht an der Spitze des Umweltmanagements des Landes und umfasst alle Umweltbelange (siehe auch 3.3.1. Umweltprobleme im Bereich Abfall). 2005 wurde durch den Premierminister die Entscheidung getroffen, dass die Regierung 1% der Staatsausgaben für Umweltbelange zu verwenden hat, über die tatsächliche Umsetzung dieser Entscheidung, sowie über den Anteil, den das Luftmanagement erhält, gibt es allerdings keine Informationen.[205] Administrative Veränderungen führten schließlich zu einer Neuverteilung der Aufgaben innerhalb der neu geschaffenen *Viet Nam Environment Administration* (VEA), die in das

---

[202] Vgl. ADB, 2006
[203] Vgl. Clean Air Initiative for Asian Cities (CAI-Asia) Center, 2010, S.54f
[204] Für eine ausführliche Darstellung der Aufgabenbereiche der einzelnen Ebenen siehe Clean Air Initiative for Asian Cities (CAI-Asia) Center, 2010
[205] Vgl. Clean Air Initiative for Asian Cities (CAI-Asia) Center, 2010

Ministry of Natural Resources and Environment (MoNRE) eingebunden ist. Die zentralen Abteilungen dabei sind das *Department of Policy and Legislation*, das *Department of Appraisal and Environmental Impact Assessment*, sowie das *Department of Pollution Control*. Letzteres hat wiederum als Teilaufgabengebiete die *Pollution Control Division for Air, Recycling Materials and Toxic Releases*, sowie die *Environmental Monitoring, Standard and Accidents Repairing Division* geschaffen.

Die lokalen Ebenen sollen, ausgehend vom Volksrat, auf den jeweiligen Ebenen die spezifischen Umweltprobleme erörtern, wobei das *Department of Natural Resources and Environment* (DoNREs) und seine lokalen Ausprägungen auf Distrikts- und Kommunalebene die für die Umsetzung betrauten Stellen sind. Damit ist das *Department of Natural Resources and Environment* (DoNREs) der *Viet Nam Environment Administration* unterstellt und administrativ in die Struktur der provinziellen Volksräte eingegliedert.

Entgegen dem oben beschriebenen strukturellen Aufbau des Umweltmanagements und des Teilbereichs der Luftreinhaltung folgt der Bereich der Datenerhebung und des Qualitätsmonitorings einem zweistufigen Prozess.[206]

Auf nationaler Ebene ist die *Viet Nam Environment Administration* unter dem *Ministry of Natural Resources and Environment* für die Organisation des Monitoring-Programms zuständig. Die Implementierung selbst findet durch das *Center for Environmental Monitoring* statt, das auch für die Erstellung des *State of Environment* Reports zuständig ist. Gleichzeitig laufen hier auch die Werte der einzelnen Überwachungsstationen zusammen, wobei die vietnamesische Regierung plant, bis 2020 über 58 automatische Messstationen im ganzen Land zu verfügen (bisher sind es zirka 20).[207] Neben diesen fixen automatischen Überwachungsstellen verfügt Vietnam noch über zirka 80 mobile Messstationen, deren Positionierung im Land häufig verändert wird.

Auf der lokalen Ebene findet die Luftqualitätsmessung im Rahmen der *Centers of Monitoring for Natural Resources and Environment* statt, die den entsprechenden *Departments of Natural Resources and Environment* unterstellt sind. Der Erhebung von Luftqualitätsdaten für Studien und Projekte ist kein separater administrativer Prozess zugewiesen, zumal es sich um ad hoc-Messungen handelt.

3.4.3. Staatliche Maßnahmen im Bereich Luftverschmutzung

Auf dem Weg zur einer „*low carbon society*" wurden in Vietnam im Rahmen einer Studie[208] fünf Schwerpunktaktionsbereiche identifiziert. Diese sollen zu erheblichen Einsparungen (geschätzte 202 Millionen Tonnen CO_2 in 2030 im Vergleich zu einem Business-as-usual-Szenario für das gleiche Jahr) bei den Treibhausgasemissionen führen. Statt einem Ausstoß von 446,3 Millionen Tonnen

---

[206] Für eine ausführliche Darstellung der Aufgabenbereiche der einzelnen Ebenen siehe Clean Air Initiative for Asian Cities (CAI-Asia) Center, 2010
[207] Vgl. auch Guttikunda, 2008, S.3
[208] Vgl. Nguyen et al., o.J.; Nguyen et al., 2010

CO_2 würden 245 Millionen Tonnen CO_2 anfallen. Die Basis für die dargestellten Einsparungen und die Politikempfehlungen werden dabei aus den relevanten Planungsdokumenten der vietnamesischen Regierung abgeleitet: *National Development Plan, Nation Target Programme to Respond to Climate Change and Energy Efficiency Programme*, sowie dem *Renewable Energy Programme*.[209]

Wie Abbildung 1 zeigt, sind die Maßnahmen zur Reduktion der Luftverschmutzung im Sektor Industrie eng verbunden mit den besprochenen Maßnahmen zur Steigerung der Energieeffizienz, sowie Steigerungen im Bereich der sauberen Energieerzeugung. Dabei wendet sich die Schwerpunktsetzung „Verbesserungen in der Energieeffizienz" direkt an den Energieverbrauch in den einzelnen Industriesektoren, ebenso wie der Schwerpunkt „Wechsel der Energieträger in der Industrie". Aus diesen beiden Maßnahmen erhofft man sich eine Verringerung der CO_2-Emissionen um etwas über 100 Millionen Tonnen. Anreize für Firmen, damit es zu einem Umstieg auf umweltfreundliche Energieträger kommt, sollen Steuererleichterungen, Subventionen und günstige Kredite umfassen.[210] Dabei handelt es sich allerdings nur um Empfehlungen, die bisher noch nicht in konkrete Förderungen umgewandelt wurden. Der Schwerpunkt *„Smart Power Plants"* konzentriert sich auf die effiziente Anlieferung der Energie – zur Vermeidung von Netzenergieverlusten – sowie auf den Ausbau alternativer Energieformen.

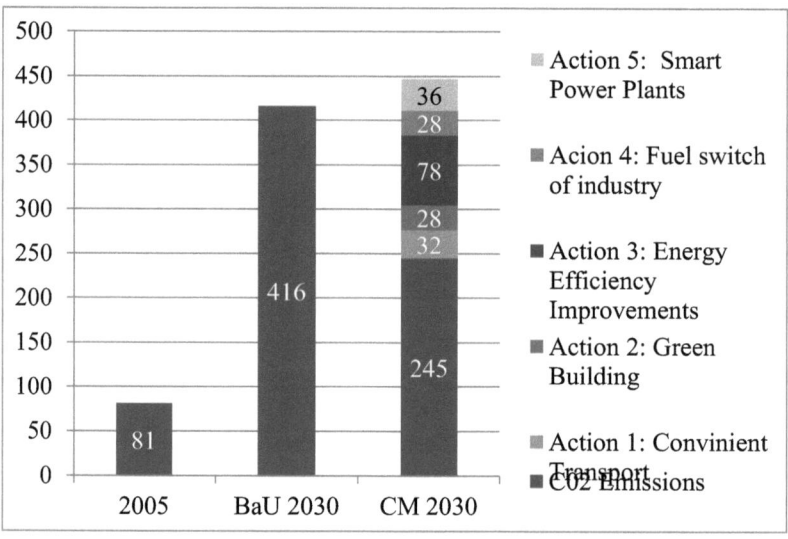

Abbildung 1: Fünf Schwerpunktmaßnahmen zum Erreichen einer low carbon society in Vietnam bis 2030

Quelle: Nguyen et al., o.J., Fig. 3

---

[209] Vgl. Nguyen et al., 2010, S.5
[210] Vgl. Nguyen et al., o.J., S.6

Implementierung von CNG (compressed natural gas) im öffentlichen Personenverkehr in Ho Chi Minh City

21 Busse der staatlichen *Sai Gon-Busgesellschaft* sind seit Herbst 2011 auf CNG-Basis zwischen District 1 und Binh Tay Market in District 5 eingesetzt. Dabei wird geschätzt, dass zum einen 50% der Tankkosten gespart werden, und zum anderen Kohlenwasserstoff-Emissionen über 30%, Oxide um über 60% und CO_2 um fast 10% eingespart werden können. Das Potential der Umsetzung liegt bei zirka 10.000 Bussen, die derzeit in Betrieb sind. Dabei ist der Plan, dass in den kommenden fünf Jahren zirka 1.680 Busse mit CNG eingesetzt werden sollen. Kleinere Fahrzeugkonstruktionen sollen dabei auch die engeren Gassen des Zentrums anfahren können. Auf diese Weise soll den Einwohnern durch eine Verbesserung des öffentlichen Verkehrsnetzes auch eine alternative Transportmöglichkeit geboten werden.[211]

Der Sektor Transport trägt wesentlich zur Verstärkung der CO_2-Emissionen bei. Zwar hat Vietnam 2007 den Emissionsstandard EURO 2 eingeführt, doch die Vorschriften werden vielfach umgangen oder die Ergebnisse mittels Bestechung „verbessert"[212] (siehe in diesem Zusammenhang auch die vorgestellten CDM (Clean Development Mechanism)-Projekte in Anhang 2. Findet eine Überprüfung statt so zeigte sich, dass im Jahr 2007 noch zirka 30% der Motorräder weit schlechtere Werte aufwiesen als EURO 2. Gleichzeitig wird betont, dass die schlechten Abgaswerte auch auf die minderwertige Qualität des Benzins zurückzuführen ist.[213] Die vietnamesische Regierung strebt an, möglichst bald das EURO 4-Niveau zu erreichen, was angesichts der großen Anzahl von Fahrzeugimporten, die diesen Standard aufweisen, möglich ist. Insgesamt sollte der Fokus im Schwerpunktbereich „*Convenient Transport*" auf die Entwicklung der Infrastruktur, den öffentlichen Verkehr, sowie die Reduktion von Motorrädern gelegt werden.

Neben dem privaten Verkehrsaufkommen werden die vietnamesischen privaten Haushalte auch unter dem Schwerpunkt „*Green Building*" bedacht. Hier steht die Ausstattung privater Haushalte mit energieeffizienten und alternativen Energieformen im Mittelpunkt (kommerziell genutzte Bauten sollen ebenfalls im Hinblick auf ihre Energieeffizienz überprüft werden). Insgesamt umfassen die greifbarsten daraus abgeleiteten Maßnahmen die Förderung von CDM-Projekten im Bereich Umweltverbesserung, sowie Niedrigzinskredite im Bereich Industrie und Energie. Für Haushalte werden ebenfalls Subventionen beim Umstieg auf alternative Energiequellen, wie Solar- oder Windenergie empfohlen. Daher werden im folgenden Abschnitt 3.4.4. die konkreten Potentiale im Bereich der CDM-Projekte vorgestellt.

---

[211] Vgl. Dung, 2011
[212] Vgl. Fuller, 2007
[213] Vgl. Fuller, 2007

Internationale Finanzierungen ermöglichen Großprojekte zur Verbesserung der Verkehrsinfrastruktur

Die *Asian Development Bank* hat finanzielle Mittel zur Unterstützung der Umsetzung von zwei Großprojekten in Ho Chi Minh City Ende 2010 freigegeben. Dabei handelt es sich einerseits um ein Projekt des öffentlichen Verkehrs und andererseits um die Schaffung einer Schnellstraßen-Verbindung zwischen *Ben Luc* und *Long Thanh*. Auf diese Weise soll der Gütertransport zwischen den Häfen der Stadt Ho Chi Minh City nicht mehr durch das Stadtzentrum führen und damit die Verkehrssituation entschärfen. Für dieses Projekt wird die *Asian Development Bank* zwischen 636 Millionen und 1,6 Milliarden US-Dollar zur Verfügung stellen. Weitere 635 Millionen US-Dollar zur Finanzierung des Projekts stammen von der japanischen Regierung, sowie weitere 337 Millionen US-Dollar von der vietnamesischen Regierung. Auch für die Finanzierung eines Großprojekts des öffentlichen Verkehrs, die U-Bahn Linie 2 (Mass Transit Line 2), wurde internationale Unterstützung gefunden. So beteiligen sich *die Asian Development Bank* mit 540 Millionen bis 1,4 Milliarden US-Dollar, die Kfw Bankengruppe mit 313 Millionen US-Dollar, die Europäische Investitionsbank mit 195 Millionen und die vietnamesische Regierung mit weiteren 326 Millionen US-Dollar.[214]

3.4.4. Potentiale im Bereich Luftreinhaltung

Der „*Clean Development Mechanism*" (CDM) stellt vor allem für Entwicklungsländer einen wichtigen Finanzierungsmechanismus zur Reduktion von CO_2-Emissionen und damit zur Erfüllung des Kyoto-Protokolls, das Vietnam 2002 ratifiziert hat, dar. Der CDM-Prozess ist ein komplexes und zeitaufwendiges Verfahren, das aber gleichzeitig die Entwicklung langfristiger nachhaltiger Umweltprojekte im Bereich der Luftreinhaltung erlaubt. Dabei muss allerdings erwähnt werden, dass das Potential von CDM-Projekten zurzeit geringer ist, da die erste Verpflichtungsperiode des Kyoto-Protokolls mit Ende 2012 abläuft. Zwar hat man sich nun Ende 2011 bei der UN-Klimakonferenz in Durban auf die Umsetzung einer zweiten Verpflichtungsperiode einigen können, doch die genauen Rahmenbedingungen, wie etwa auch die Laufzeit, sind unklar (Ende 2017 oder Ende 2020) und sollen bei der kommenden UN-Klimakonferenz in Katar 2012 festgesetzt werden.[215] Im Folgenden wird ein Einblick in die Struktur des CDM-Prozesses für Vietnam gegeben, sowie beispielhaft Projekte aus den Bereichen Industrie, Energie und Transport vorgestellt. Genaueres zur allgemeinen Struktur und Finanzierungsoptionen im Rahmen von CDM-Projekten ist unter Abschnitt 3.6. dargestellt.

Vietnam hat mit der Implementierung von CDM-Projekten bereits 2004 begonnen, doch der administrative Prozess hat lediglich eine langsame Weiterentwicklung zugelassen. Bis Dezember 2009 hatten 104 Projekte die Zustimmung durch die vietnamesische *Designated National Authority* (DNA) erhalten, 122 Projekte

---

[214] Vgl. ADB, 2010a
[215] Vgl. UNFCCC, 2011

waren bei der UNFCCC (*United Nations Framework Convention on Climate Change*) eingereicht und 14 waren registrierte Projekte. Insgesamt macht das Volumen der Kredite, die aus diesen Projekten bis 2012 erwartet werden, wie auch die Anzahl der Projekte selbst nur zirka 1% des CDM-Volumens und der Anzahl der Projekte der Region aus[216].

Abgesehen von derzeitigen Unsicherheiten in Bezug auf die Entwicklung und Durchführung der zweiten Verpflichtungsperiode, ist der CDM-Prozess vor allem durch einen komplexen regulativen Rahmen geprägt, der die Antragszeit verlängert. Bei der institutionellen Struktur von CDM-Projekten in Vietnam wird deutlich, dass neben zahlreichen Ministerien, die eine wenn auch indirekte Rolle bei der Implementierung des Kyoto-Protokolls innehaben, auch zahlreiche weitere administrative Stellen mit dem CDM-Prozess betraut sind. Zunächst ist das *Ministry of Natural Ressources and Environment of Vietnam* (MONRE) direkt von der Regierung beauftragt, das Kyoto-Protokoll in Vietnam umzusetzen. Innerhalb des Ministeriums ist das *Department of Meterology, Hydrology and Climate Change* die designierte nationale Behörde (Designated National Authority DNA) zur Umsetzung des Prozesses[217]. Nicht nur die administrative Struktur des Prozesses, auch die Darstellung des Einreichungsprozesses eines CDM-Projekts bis zur Genehmigung verdeutlicht die Möglichkeiten beziehungsweise Wahrscheinlichkeiten für Zeitverzögerungen.[218]

Die designierte nationale Behörde hat bei der Einreichung einer *Project Idea Note*, die der erste Schritt zur Einreichung eines CDM-Projektes ist, eine Bearbeitungszeit von 25 Tagen, für das folgende *Project Designed Document* (PDD) weitere 55 Tage. Für die weitere Genehmigung müssen mindestens 75% der Mitglieder des *National Steering Committee for UNFCC and Kyoto Protocol* (VNNSCUK) beim Projekt-Genehmigungstreffen anwesend sein, um den Richtlinien der nationalen designierten Behörde zu genügen. Nachdem es sich dabei zu einem Großteil um Experten aus den unterschiedlichen Ministerien handelt, kann es vorkommen, dass die notwendige Anzahl der Mitglieder nicht erreicht wird und es zu weiteren Verzögerungen kommt. Dabei muss zusätzlich beachtet werden, dass die Projektdokumente in hard copies persönlich an alle VNNSCUK-Mitglieder gerichtet sein müssen[219]. Die sektoralen Potentiale, die sich angesichts von Zeitverzögerungen, Kosten und Einschränkungen der Projektgröße ergeben, werden in Anhang 2 vorgestellt, wobei hier auch die Ergebnisse für Vietnam und Kambodscha auf Basis einer Studie aus dem Jahr 2006 verglichen werden.

---

[216] Vgl. Nguyen / Ha-Duong et al., 2011
[217] Vgl. Nguyen / Ha-Duong et al., 2011; für die Aufgaben der einzelnen administrativen Stellen in Vietnam siehe Ministry of Natural Resources and Environment, o.J.
[218] Für eine allgemeine Darstellung der notwendigen Vorgangsweise und der benötigten Dokumente im Rahmen des CDM-Prozesses siehe die Website der UNFCCC für den CDM-Prozess: http://cdm.unfccc.int/index.html
[219] Vgl. Nguyen / Ha-Duong et al., 2011; Hanh / Michaelowa / de Jong, 2006

Zu den wesentlichsten Projektentwicklern in Vietnam zählen:[220]
- RCEE Energy and Environment JSC: www.hn.vnn.vn
- Viet Nam Institute of Energy: www.ievn.com.vn/
- Electricity of Viet Nam (EVN): www.evn.com.vn
- Vietnam Energy and Environment Consultancy Joint Stock Company: http://www.eec.vn/
- PAN – Pacific Environment Corporation: www.cocomo-vn.com
- Viet Nam Forestry Science and Technology Association: http://www.vusta.vn/
- Netherlands Development Organization (SNV): www.biogas.org.vn
- Japan Viet Nam Petroleum Co, Ltd.: www.jvpc.com.vn

Vor allem den CDM-Projekten aus dem Bereich Energie – erneuerbare Energiequellen und Energieeffizienz – wird ein hohes Potential zugeschrieben (siehe Anhang 2). Ein Beispiel für die Umsetzung eines CDM-Projektes vor dem Hintergrund einer Förderung erneuerbarer Energiequellen stellt die Schaffung eines kleinen Wasserkraftwerkes mit einer Kapazität von 4 MW in der Provinz *Lam Dong* dar. Ziel ist die Einspeisung der Energie in das Energienetz von Vietnam und damit die Steigerung der Energieleistung des Landes. Eingereicht wurde das Projekt 2009 von *Hokkaido Electric Power Co. (HEPCO)*.[221] Eine Verbindung zwischen dem Wunsch nach der Förderung alternativer Energiequellen und der Schwerpunktsetzung zur Verbesserung der Luftqualität in Vietnam („*Green Building*" – siehe Abschnitt 3.4.3.) wird mit dem Projekt zur Installation von solarbetriebenen Warmwassersystemen in Wohnhäusern in Vietnam geschaffen, Projektstart war 2008. Mittels Subventionen soll den Bewohnern die Installation einer derartigen Anlage ermöglicht werden. Ziel ist es, 22.000 Warmwassereinheiten in fünf Jahren (und damit bis 2012) zu installieren. Mit Hilfe der Durchführung im Rahmen eines CDM-Projektes soll ermöglicht werden, dass durch den Verkauf von *Certified Emission Reductions* (CER) Rückflüsse geschaffen werden, die weitere Implementierungen finanzieren. Die Operationalisierung soll durch das *Energy Conservation Center* von Ho Chi Minh City erfolgen, mit Mitsubishi UFJ Securities als Partner.[222]

Neben dem Bereich Energie stellt auch der Transportsektor einen wesentlichen Anknüpfungspunkt für Maßnahmen der Luftreinhaltung dar. Auch hier wird CDM-Projekten ein gutes, wenn auch nicht so hohes Potential wie im Bereich der erneuerbaren Energie und Energieeffizienz zugesprochen. Ein Beispiel stellt ein Projekt zur Verbesserung der Brennstoffeffizienz bei Motorrädern in Vietnam dar. Dabei soll ein System zur Wartung und verbesserten Emissionsmessung bei Motorrädern implementiert werden; durch Ausbildungen für lokale Werkstätten,

---

[220] Vgl. Ministry of Natural Resources and Environment, o.J.
[221] Vgl. Global Environment Centre Foundation, 2009a
[222] Vgl. Global Environment Centre Foundation, 2008

wie auch durch eine verstärkte Bewusstmachung bei Zweiradfahrern soll das Ziel erreicht werden. Bei einer Projektdauer von zehn Jahren wird daher eine graduelle Verbesserung der Emissionswerte bei Motorrädern erwartet.[223]

Vergleicht man das Potential von CDM-Projekten im Transport- und Energiesektor mit jenen zur Reduktion industrieller Abgase, so wird deutlich, dass trotz des hohen Verschmutzungsgrades durch die Industrie der Schwerpunkt in Vietnam im Bereich von CDM-Projekten nicht in diesem Bereich liegt (siehe Anhang 1).

3.5. Energie

Angesichts des steigenden Wirtschaftswachstums der letzten Jahre ist auch die Energienachfrage stark angewachsen. Das betrifft sowohl die Energienachfrage im Allgemeinen, als auch die Nachfrage nach Elektrizität. Die vietnamesische Regierung hat bereits seit längerem mit der Entwicklung von Nationalen Entwicklungsplänen auf das Problem stark steigender Nachfrage verwiesen und zahlreiche Maßnahmen zur Ausweitung des Energieangebots implementiert. Im September 2011 wurde schließlich der derzeit siebente und letzte Energiemasterplan (*Vietnam Power Development Plan VII – PDP VII*) vom Premierminister unterzeichnet.

3.5.1. Umweltprobleme im Bereich Energie

Derzeit nimmt die Energienachfrage in Vietnam etwa doppelt so stark zu wie das Bruttoinlandsprodukt, was zu steigenden Engpässen in der Stromversorgung führt. Auch im Bereich der industriellen Versorgung kommt es immer wieder zu Stromausfällen[224]. Die laufenden „Energiemasterpläne" der Regierung machen den Bedarf an zusätzlichen Kapazitäten deutlich; so sollen etwa im neuen, siebenten Masterplan die Kapazitäten von 2011 bis 2020 verdreifacht werden. Das dabei laut Prognosen benötigte Kapital soll sich auf zirka 929,7 Tausend Milliarden VND (zirka 44,22 Milliarden US Dollar) belaufen[225]. Zwei Drittel dieser Summe sollen in den Ausbau der Kapazitäten fließen und ein Drittel in die Entwicklung des Netzwerkes. Damit ist die zweite Schwachstelle des vietnamesischen Energiesektors angesprochen, die Effizienzverluste, bedingt durch ein mangelhaftes Energienetzwerk. Die Prognosen zu den notwendigen Investitionen zur Ausweitung der Energiekapazitäten schwanken allerdings stark. Neben den oben genannten Zahlen werden für den Zeitraum von 2008-2025 auch notwendige Investitionen in der Höhe von 137 Milliarden US-Dollar kolportiert. Darüber hinaus wird eine jährliche Summe von 5 Milliarden US-Dollar im Zeitraum von 2010-2025 genannt, um die Elektrizitätskapazitäten zu erhöhen[226].

Tabelle 13 zeigt die Entwicklung von Energieangebot und -bedarf in den Jahren

---
[223] Vgl. Global Environment Centre Foundation, 2010
[224] Vgl. Schmitt, 2011
[225] Vgl. Cuong Manh, 2011
[226] Vgl. Minh Do / Sharma ,2011

1990, 2007 und die Prognose für 2025. Dabei wird deutlich, dass der Energiebedarf im Jahr 2025 höchst wahrscheinlich deutlich über dem nationalen Angebot liegt. Insgesamt wird dabei ein Wachstum des im kommerziellen Bereich genutzten Energiebedarfs von 55,6 MTOE (Megatonnen Öleinheiten) im Jahr 2007 auf 146 MTOE geschätzt. Um die wirtschaftliche Entwicklung aufrechtzuhalten und den auftretenden Mangel an fast 40 MTOE im Jahr 2025 decken zu können, werden Importe unumgänglich sein. Dabei wird geschätzt, dass Vietnam bereits im Jahr 2015 zu einem Energieimporteur wird.[227] Seit Beginn der 1990er Jahre hat sich die gesamte Energienachfrage mehr als versechsfacht. Besonders im Bereich der Industrie kam es zu einer starken Zunahme, sodass sich auch der Anteil dieses Sektors an der gesamten Energienachfrage von 1990 bis 2007 von 36% auf 47% erhöht hat[228]. Diese Tendenz wird sich angesichts der steigenden Industrialisierung des Landes weiter fortsetzen. Dabei erhöht sich beispielsweise die Energienachfrage im Industriesektor stärker, als die Wachstumsraten dieses Sektors gesteigert werden konnten.

MTOE	1990		2007		2025	
	Bedarf	Angebot	Bedarf	Angebot	Bedarf	Angebot
Kommerziell genutzte Energie						
Kohle	2,2	2,6	9,9	24,3	64,2	45
Öl	2,7	2,7	13	16,5	43,7	19,9
Gas	0	0	5,5	5,9	16,3	16,2
Hydro	0,5	0,5	2,6	2,6	6,8	5,4
Nuklear	0	0	0	0	2	2
Erneuerbare Energieformen	0	0	0	0	1	0
Strom-Import	0	0	0	0	2	0
Nicht kommerziell genutzt	18,9	18,9	24,5	24,5	10,6	18,6
Gesamt	24,3	24,7	55,6	73,9	146,0	107,3

Tabelle 13: Energieangebot und -bedarf in Vietnam, 1990, 2007 und 2025

Quelle: Minh Do / Sharma, 2011, S.5771, Table 1,1; eigene Darstellung

Neben dem Industriesektor haben auch die privaten Haushalte ein starkes Ansteigen des Energieverbrauchs zu verzeichnen gehabt, um zirka 10% pro Jahr

---

[227] Vgl. Minh Do / Sharma, 2011
[228] Vgl. Ometeyama, 2009, S.2f

steigt deren Energienachfrage an (allerdings von einem sehr geringen Ausgangswert). Vietnamesische Haushalte ersetzten vor allem traditionelle Brennstoffe für Kochstellen mit Flüssiggas (LPG) und Kohle.[229] Letzteres betrifft vor allem die ländliche Bevölkerung, die Mitte der 1990er Jahre noch überwiegend Brennholz als Energiequelle nutzte – bei der tatsächlichen Nutzung von Kohle als Brennstoff differieren allerdings die Daten zwischen Haushaltsbefragungen und offiziellen Schätzungen.[230] Dennoch stellte nicht nur Mitte der 1990er Jahre, sondern auch heute Strom den größten Anteil an der Energienachfrage der Haushalte. Über die Jahre kam es auch hier zu einem ständigen Anstieg, sodass im Jahr 2009 (siehe nachfolgende Abbildung 2) Elektrizität über 90% des Energiebedarfs der Haushalte ausmacht. Kohle und Öl-Produkte stellen weitere konsumierte Energieformen dar. Energie aus Biomasse wird in Abbildung 2 nicht separat ausgewiesen, diese ist jedoch vor allem im Haushaltsbereich relevant. Im Bereich der Industrie ist neben Öl-Produkten, Elektrizität und Kohle auch Gas eine wesentliche nachfragte Energiequelle.

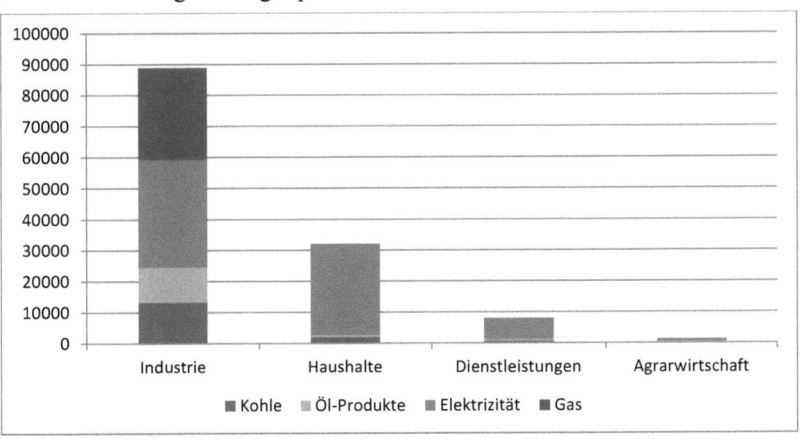

Anmerkung: Die Darstellung erfolgt in Kilotonnen für Kohle und Öl-Produkte, in TJ (Tera-Joule) für Gas.

Abbildung 2: Energiebedarf nach Sektoren und Energieform 2009

Quelle: IEA, 2011b; eigene Berechnungen, eigene Darstellung

Im Bereich der Elektrizitätsnachfrage zeigt sich ein ähnliches Bild beim Vergleich der produzierten Kilowattstunden.[231] Die Steigerungen im Bereich der Elektrizität waren gemessen am pro Kopf-Verbrauch stärker als jene des pro Kopf-Gesamtenergieverbrauchs. Dabei kommt nicht nur die Verschiebung der

---
[229] Vgl. World Bank, 2010, S.7
[230] Vgl. Tuan / Lefevre, 1996
[231] Vgl. World Bank, o.J.

Produktion zu Gütern, die einen höheren Energieverbrauch aufweisen zum Tragen, sondern auch die steigende Urbanisierung und nationale Programme zur Förderung der Elektrifizierung.[232] Vietnam verfügt über Energieressourcen in den Bereichen Kohle (mit Vorkommen in den Provinzen *Quang Ninh, Red River Delta*[233]), Öl, Gas, Hydroenergie und erneuerbare Energie und gilt bisher noch als Energieautark[234]. Öl- und Gas-Vorräte werden in offshore-Feldern gefördert, wobei die Gasvorkommen einen größeren Anteil ausmachen. Dadurch ist auch der Anteil von Gas an der Energieversorgung auf 18% im Jahr 2008 gemessen an der gesamten Energieversorgung angestiegen.[235] Die Ölvorräte werden in *Cuu Long* und *Nam Con Son*[236] gefördert. Das Rohöl wird zum größten Teil exportiert, erst 2009 hat die erste größere Raffinerie mit einer Kapazität von 6,5 Millionen Tonnen Rohöl pro Jahr in der Provinz *Quang Nai* eröffnet. Vietnam hängt damit von Ölimporten vom internationalen Markt[237] ab, wodurch es auch den Weltmarktpreisen ausgesetzt ist. Im Jahr 2008 machten diese Importe 14.757 Kilotonnen Öl (ktoe – entspricht 1.000 Tonnen Öl) aus[238].

Insgesamt verfügte Vietnam im Jahr 2009 über eine Energieproduktion von etwa 78 Megatonnen Öleinheiten, die zu einem gesamten primären Energieangebot von zirka 63 Megatonnen Öleinheiten führen. Die Differenzen zwischen der Energieproduktion und dem gesamten primären Energieangebot ergeben sich aus den Exporten in den Bereichen Rohöl und Kohle. Mehr als 50% der Kohleproduktion von gesamt 4372 Kilotonnen Öleinheiten[239] wurden 2008 exportiert. Im Bereich der alternativen Energieformen stellt die Hydroenergie einen wesentlichen Faktor dar. Einen zunehmenden Bereich der Energieversorgung stellt die Elektrizitätsversorgung dar. Die beiden wichtigsten Energiequellen für die Elektrizitätsgewinnung sind Gas und Wasserkraft. Im Jahr 2009 machte die Elektrizitätsgewinnung aus Gas ungefähr 43% des gesamten Elektrizitätsangebots aus. Der Anteil der Wasserkraft lag im Vergleich dazu bei rund 36%. Die Anteile von Kohle und Öl liegen mit rund 18% und rund 2,5% weit darunter.[240]

> **Weiterer Ausbau der Wasserkraft und Energiegewinnung durch Kohle mit Hilfe internationaler Kooperationen**
>
> Im Bereich der Wasserkraft wurde mit zwei Großprojekten die Bedeutung dieser Energieform weiter gesteigert. Anfang 2011 wurde von der *Electricity of Viet Nam*

---

[232] Vgl. Khanh Toan et al, 2011
[233] Vgl. Khanh Toan et al, 2011, S. 6816
[234] Vgl. Minh Do / Sharma, 2011, S. 5771
[235] Vgl. Asian Pacific Energy Research Center, 2011; die Vorkommen werden dabei entsprechend den letzten verfügbaren Daten von 2005 mit 600 bcm (=billion cubic meters) beziffert. Neben diesen offshore-Vorkommen wurden in vielen Teilen Vietnams Gasvorkommen lokalisiert.
[236] Vgl. Asian Pacific Energy Research Center, 2011
[237] Vgl. Omoteyama, 2009
[238] Vgl. Asian Pacific Energy Research Center, 2011
[239] Vgl. Asian Pacific Energy Research Center, 2011
[240] Vgl. World Bank, o.J

(EVN) mit dem Bau eines Wasserkraftwerkes in *Nam Hang* in der Provinz *Lai Chau* mit einer Kapazität von 1,200 MW begonnen, das 2017 fertiggestellt werden soll. Damit wurde kurz nach Inbetriebnahme des bisher größten Wasserkraftwerks in Vietnam und gleichzeitig auch ganz Südostasiens in *Son Lon* mit einer Kapazität von 2,400 MW, das Ende 2010 mit der ersten Turbine ans Netz ging, mit dem nächsten Großprojekt begonnen. 2007 hatte *Alstom* den Vertrag zur Lieferung der Turbinen, sowie für das Design und die Fertigung des Kraftwerks unterzeichnet. Auch bei Kohlekraftwerken wurden Anfang 2012 Verträge zum Ausbau unterschrieben, so etwa von der *PHI Group*, die gemeinsam mit *Hoang Ngoc Joint Stock Co.* ein Kohlekraftwerk in *Vinh Hau Village* im Distrikt *An Phu* in der Provinz *An Giang* mit einer Kapazität von 2,000 MW bauen soll.[241]

Der Bereich der Elektrizitätsversorgung war durch massive staatliche Eingriffe geprägt, deren Effekte den Versorgungsstand des Landes prägen. Die vietnamesische Regierung setzte die Elektrizitätspreise bis Anfang 2010 fest, ohne Subventionen für Stromversorgungsunternehmen zu leisten. Um die Elektrizitätsversorgung zu ermöglichen, drängte die Regierung die Lieferanten zur Lieferung von Brennstoff an Kraftwerke unter dem Marktpreis. Das bedeutet auch, dass das staatliche vietnamesische Elektrizitätsunternehmen *Electricity of Vietnam* Brennstoffe, vor allem Gas, unter dem Marktwert erworben hat. Nachdem dieses Unternehmen Elektrizität auch unter dem Marktpreis produzieren konnte, wurden die Kosten gedeckt. Sollten allerdings die Produktionskosten, etwa durch die Erweiterung der Elektrizitätsversorgung um neue Kraftwerke ansteigen, so hätte das Unternehmen die Differenz zu tragen. Dadurch sah zum einen die *Electricity of Vietnam* selbst keinen Anreiz zur Ausweitung des Elektrizitätsangebots, andererseits waren sich auch die Banken dieser Tatsache bewusst, sodass zum anderen auch keine Finanzierung für eine Ausweitung um neue Kraftwerke zur Verfügung stand.[242] Um dennoch eine Stromversorgung zu den Spitzenzeiten im Industriebereich zu gewährleisten, hat die vietnamesische Regierung das Stromversorgungsunternehmen und die regionalen Stellen aufgefordert, eine Liste mit zu priorisierenden Unternehmen zusammenzustellen, die nicht unter einem plötzlichen Stromausfall in der Produktion beeinträchtigt werden dürfen. Mitte 2009 wurden schließlich die Elektrizitätspreise angehoben, um den Spielraum in der Energieversorgung zu vergrößern[243] und man hat vor, den Markt in einem 3-Stufen Plan zu liberalisieren (siehe Tabelle 14), um ausländische Investitionen anzuziehen.

Derzeit kommt es zu durchschnittlichen Energieverlusten im Energiesektor von 11%, einem Wert, der für ein Entwicklungsland oder Schwellenland nicht überdurchschnittlich hoch ist. Betrachtet man jedoch die Verluste in den ländlichen Regionen, so ergeben sich Verluste zwischen 20-30%. Diese Verluste betreffen vor allem die Bereiche der Mittel- und Kleinspannung. Doch nicht nur im ländlichen

---

[241] Vgl. Powergrid, 2011a; Powergrid, 2011b; Powergrid, 2012
[242] Vgl. Omoteyama, 2009
[243] Vgl. Omoteyama, 2009

Bereich ist mit einem hohen Einsparungspotential durch Effizienzsteigerungen zu rechnen. Auch im Industriebereich wird von einem Einsparungspotential von 25-30% ausgegangen.[244]

	Zeitraum	Liberalisierungsschritte
Stufe 1	2005-2014	Schaffung eines wettbewerbsfähigen Energieversorgungs-marktes
Stufe 2	2015-2022	Schaffung eines wettbewerbsfähigen Großhandelsmarktes
Stufe 3	Nach 2022	Schaffung eines wettbewerbsfähigen Marktes für Privatkunden

Tabelle 14: Liberalisierungsschritte am Elektrizitätsmarkt in Vietnam
Quelle: Asian Pacific Energy Research Center, 2011, S.218; eigene Darstellung

3.5.2. Rechtliche und administrative Grundlagen

Aus dem Zusammenschluss des *Ministry of Industry* und des *Ministry of Trade* wurde 2007 das *Ministry of Industry and Trade (MOIT)*, das nun für die Agenden der Energiepolitik zuständig ist. Alle Energiebereiche in Bezug auf rechtliche Grundlagen, Politikmaßnahmen und Entwicklungsstrategien werden hier ausgearbeitet und in der Folge vom Premierminister abgenommen. Der Hauptzuständigkeitsbereich ergibt sich im *Energy Department*, das als Abteilung des *Ministry of Industry and Trade* drei Arbeitsgruppen/Schwerpunktbereiche ausweist: die *Viet Nam Electric Power Group (EVN)*, die *Viet Nam National Coal and Ministerial Industries Group (Vinacomin)* und die *Viet Nam Oil and Gas Group (PVN)*.

Neben dem *Ministry of Industry of Ministry and Trade* sind für die Vorbereitung und Nachbereitung von Maßnahmen weitere Ministerien mit energiepolitischen Themen betraut. Zu diesen Ministerien zählt das *Ministry of Planning and Investment*, das *Ministry of Finance* und das *Ministry of National Resources and Environment* – vor allem im Bereich Forschung und Entwicklung von Energie- und Umweltmaßnahmen. Vor diesem Hintergrund wird auch die *National Energy Development Strategy*, kurz auch „*Energy Masterplan*" genannt, vom *Institute of Energy* ausgearbeitet.[245] Darüber hinaus sind mit der Umsetzung von Maßnahmen zur Steigerung der Energieeffizienz eine Reihe von Institutionen betraut. Dabei ist auffallend, dass die einzelnen Aufgaben in den Institutionen gleich sind, jedoch jeweils unterschiedlichen Bereichen zugeordnet sind, etwa den Unternehmen, Gebäuden oder auch speziellen Transportunternehmen.[246]

3.5.3. Staatliche Maßnahmen

Zahlreiche staatliche Maßnahmen, vor allem in Bezug auf die Ausarbeitung von Entwicklungsplänen zur Energieversorgung und Energieeffizienz, wurden in den

---

[244] Vgl. World Bank, 2010
[245] Vgl. Asian Pacific Energy Research Center, 2011, S. 217
[246] Vgl. Omoteyama, 2009, Figure 5.

letzten Jahren von der vietnamesischen Regierung unternommen.

In den letzten Jahren wurden zahlreiche staatliche Programmdokumente in den Bereichen Energieversorgung und Energieeffizienz konzipiert und ratifiziert. Zu diesen zählen: *Energy Development Strategy, National Electricity Development Master Plan, Viet Nam National Energy Efficiency Program* und der *Hydropower Master Plan*. Im Zentrum steht jedoch der *Power Development Plan* (*Power Master Plan*). Wie bereits erwähnt, wurde der siebente *Power Master Plan* im Herbst 2011 vom Premierminister ratifiziert. Der neueste (siebente) *Power Development Plan* ist erst bezüglich seiner Hauptkomponenten bekannt (siehe Tabelle 15).

Kern-Ausrichtungen	Integration der Entwicklung des Energiesektors und der sozio-ökonomischen Strategie Vietnams und die Sicherung eines ausreichenden Elektrizitätsangebots für die Wirtschaft und das soziale Leben.
	Kombination der effizienten Nutzung der heimischen Energieressourcen mit einem adäquaten Import von Elektrizität und Brennstoffen und Diversifikation der primären Energieressourcen für die Energiegewinnung und Brennstoffbewahrung und Sicherstellung der zukünftigen Energiesicherheit.
	Schrittweise Qualitätssteigerung bei Elektrizität und Elektrizitätsdienstleistungen und Anpassung der Elektrizitätspreise an Marktmechanismen, um Investitionen in den Energiesektor sowie in die effiziente Nutzung von Elektrizität sicher zu stellen.
	Entwicklung des Energiesektors parallel mit der Bewahrung von natürlichen Ressourcen und der Umwelt zur Sicherung der nachhaltigen Entwicklung des Landes.
	Schaffung eines wettbewerbsfähigen Energiemarktes durch die Diversifikation von Investitionsformen und den Handel mit Elektrizität. Der Staat soll lediglich ein Monopol im Transmissionsnetzwerk halten, um die Sicherheit des nationalen Energiesystems sicherzustellen.
	Entwicklung des Energiesektors auf Basis einer effizienten Nutzung der primären Energieressourcen in jeder Region und die Weiterführung der ländlichen Elektrifizierung, um ein kontinuierliches und sicheres Energieangebot im ganzen Land zu gewährleisten.
Abgeleitete spezifische Ziele	Die Steigerung des gesamtwirtschaftlichen Outputs von importierter und produzierter Elektrizität von 194-210 Milliarden kWH bis 2015, auf 330-362 Milliarden kWh

	bis 2020 und auf 695-834 Milliarden kWh bis 2030.
	Der Energieentwicklung aus erneuerbaren Energiequellen soll Priorität eingeräumt werden; diese soll die von einem derzeitigen Anteil von 3,5% an der gesamten Energieproduktion auf 4,5% bis 2020 und auf 6% bis 2030 erhöht werden.
	Reduktion des durchschnittlichen Energieelastizitätsverhältnisses (Verhältnis zwischen dem Wachstum der Energienachfrage und dem Wachstum des BIP in der gleichen Richtung) von derzeit 2 auf 1,5 in 2015 und 1 in 2020.
	Förderung des Elektrifizierungsprogramms in ländlichen und gebirgigen Gegenden, sowie Inseln, sodass die meisten ländlichen Haushalte bis 2020 Zugang zu Elektrizität haben.

Tabelle 15: Hauptkomponenten und abgeleitete spezifische Ziele aus dem siebenten Power Master Plan in Vietnam

Quelle: Mayer Brown JSM, 2011; eigene Darstellung

Die Zielvorgaben entsprechend dem siebenten *Power Master Plan* für die Jahre 2020 und 2030 zeigt Tabelle 16. Demnach wird Vietnam in Zukunft auch auf den Ausbau der Nuklearenergie setzen und strebt die Schaffung eines Kraftwerkes an, das bis 2030 eine Kapazität von 10.700 MW liefern soll. Erneuerbare Energiequellen wie Windenergie und auch Biomasse sollen massiv gesteigert werden. Wasserkraft, die zurzeit die wesentlichste erneuerbare Energiequelle darstellt, soll zunächst in der Periode 2020 auf 17.400 MW erweitert werden, bis 2030 jedoch keinen weiteren Ausbau erfahren.

Angesichts des steigenden Energiebedarfs und der hinterherhinkenden Energieproduktion ist die vietnamesische Regierung aufgefordert, die Energieeffizienz zu steigern. Bereits im Jahr 2006 ratifizierte der vietnamesische Premierminister das *Viet Nam National Energy Efficiency Program* (VNEEP) für die Periode 2006 bis 2015. Dabei ist das Ziel zunächst 3-5% in der Periode 2006 bis 2010 und 5-8% in der Zeit von 2011 bis 2015 am gesamten Energieverbrauch einzusparen.[247] Im Jahr 2007 sind die ersten Programme angelaufen, wobei es zunächst 28 Projekte waren, die ein Volumen von rund 2 Millionen US-Dollar umfassten. Die Anzahl der Projekte stieg bereits 2009 auf 48 an, wobei es auch zu einer leichten Steigerung der staatlichen Förderungen gekommen ist.[248] Das VNEEP-Programm zur Effizienzsteigerung ist in sechs Komponenten unterteilt (siehe unten stehende Tabelle 17). Daneben wurden in den vergangenen Jahren

---

[247] Vgl. Asian Pacific Energy Research Center, 2011, S. 221
[248] Vgl. World Bank, 2010, S.15

zahlreiche Projekte mit internationalen Geldgebern finanziert. Aus dieser ersten Welle an Projektimplementationen ist noch das Projekt *Green Credit Line* mit Geldern der Schweizer Regierung und der UNIDO im Laufen (bis 2012). Im Zentrum stehen dabei teilweise Kreditgarantien und Förderungen (über drei Kommerzbanken: *Techcombank, Asia Commercial Bank* und *Vietnam International Bank*) zur Steigerung umweltfreundlicher Produktion, wobei die Erhöhung der Energieeffizienz einen Teil davon ausmacht.[249]

	Zielkapazität 2020	**Zielkapazität 2030**
Windenergie	1.000 MW	6.200 MW
Biomasse	500 MW	2.000 MW
Wasserkraft	17.400 MW	-
Pumpspeicherwerk	1.800 MW	5.700 MW
Thermisches Kraftwerk (Gas)	10.400 MW (mit einer Elektrizitätsproduktion von etwa 66 Milliarden kWh)	11.300 MW (mit einer Elektrizitätsproduktion von zirka 73,1 Milliarden kWh)
Thermisches Kraftwerk (Kohle)	36.000 MW (mit einer Elektrizitätsproduktion von etwa 156 Milliarden kWh)	75.000 MW (mit einer Elektrizitätsproduktion von etwa 394 Milliarden kWh)
Nuklearkraftwerk		10.700 MW (mit einer Elektrizitätsproduktion von zirka 70,5 Milliarden kWh)
LNG Energie	2.000 MW	6.000 MW

Tabelle 16: Zielkapazitäten in 2020 und 2030 zur Energieversorgung in Vietnam
Quelle: Mayer Brown JSM, 2011; eigene Darstellung

Neben diesen Maßnahmen will der Staat im Rahmen des siebenten *Power Master Plans* das Stromnetz verbessern. Das Stromnetz soll auf das Niveau N-1[250] gebracht werden.[251]. Die Entwicklung der erneuerbaren Energiequellen stellt einen wichtigen Teilbereich im Ausbau der Energieversorgung entsprechend den nationalen *Power Master* Pläne dar. Besonders im Bereich der ländlichen Energiesicherung und Elektrifizierung soll auf kleine Wasserkraftwerke mit einer

---

[249] Vgl. World Bank, 2010, S.20
[250] N-1 ist eine Kennzahl der Netzsicherheit und bedeutet, dass ein Einfachausfall im System nicht zu einer Versorgungsunterbrechung im gesamten Stromnetz führt.
[251] Vgl. Mayer / Brown, 2011

Kapazitätsausweitung auf 1.400 MW bis 2025 und anderen erneuerbaren Energiequelle mit Kapazitäten von 500 MW bis zum Jahr 2025 fokussiert werden.[252]

	Komponenten des VNEEP
Komponente 1	Staatliches Management der Energieeffizienz und Ressourcenschonung
Komponente 2	Ausbildung und Informationssteigerungen
Komponente 3	Hohe Energieeffizienz-Ausstattung
Komponente 4	Energieeffizienz und Ressourcenschonung in Industriebetrieben
Komponente 5	Energieeffizienz in Gebäuden
Komponente 6	Energieeffizienz am Transportsektor

Tabelle 17: Komponenten des VNEEP
Quelle: World Bank, 2010; Minh Do / Sharma, 2011; eigene Darstellung

3.5.4. Potentiale im Bereich Energie in Vietnam

Die hier angeführten Potentiale im Bereich Energie in Vietnam konzentrieren sich auf die Schaffung beziehungsweise Erweiterung der Energieproduktion aus Wasserkraft, Solar- und Windenergie.

Potentiale Hydroenergie: Die Anzahl der bis 2025 zu schaffenden Anlagen mit einer Kapazität über 50 MW ist hoch. Insgesamt werden in diesem Bereich 48 Anlagen gebaut. Dennoch nimmt der Anteil der Wasserkraft an der gesamten Energieproduktion ab, was damit zu begründen ist, dass die ökologischen Reserven für Wasserkraft begrenzt sind oder fallen. Die vietnamesische Regierung will daher vor allem die Schaffung von kleinen Wasserkraftanlagen mit einer Kapazität von 1-100 MW fördern und beziffert das Potential für die Schaffung von kleinen Wasserkraftwerken bis 30 MW als hoch. Insgesamt wird davon ausgegangen, dass in Summe durch kleine Wasserkraftwerke 2.300 MW gewonnen werden können.[253] Trotz der Potentiale ist im Bereich der Wasserkraft auch mit mehreren Risikofaktoren zu rechnen:

- Wetterbedingungen: Wasserkraftanlagen vor allem im Norden des Landes sind von Wetterrisiken betroffen, die vor allem die Gefahr von Dürreperioden betreffen. Dabei hat das *National Regulation Center of Vietnam* für den Zeitraum von 2001 bis 2005 den Ausfall von hunderten MW für jedes Jahr aufgrund von Dürre berechnet.

- Produktionsverzögerungen: Verzögerungen bei der Produktion von sechs Monaten bis zu einem Jahr sind durch die Notwendigkeit des Imports der meisten technischen Teile für den Bau von Wasserkraftanlagen in Vietnam

---

[252] Vgl. Soussan / Nilsson, 2009
[253] Vgl. VUSTA, 2007, S. 32

keine Seltenheit. Nachdem der Bau der Anlagen zumeist auch mit hohem finanziellem Aufwand verbunden ist, kann es hier durch finanzielle Engpässe zu weiteren Verzögerungen kommen.[254]

- Umwelteffekte: Weiters sind Umwelteffekte, die auch soziale Folgen haben können, nicht zu vernachlässigen. Die Verwendung von Wasserläufen und das Aufstauen von Wasserressourcen können zum einen zu einer Verschlechterung der Wasserqualität führen, und zum anderen zu Veränderungen im Ökosystem flussabwärts führen. Auch vor der steigenden Anzahl von Infektionen in der Umgebung von Wasserstauungen wird gewarnt.[255]

Potentiale der Solarenergie: Vietnam weist, dank vieler Sonnenstunden vor allem in Zentralvietnam und im Süden ein hohes Potential für Solarenergie auf (siehe untenstehende Tabelle 18). Solarenergie ist die größte und stabilste erneuerbare Energiequelle in Vietnam, auch für die langfristige Nutzung. Es bestehen bereits zahlreiche kleine Solarenergiestationen in ganz Vietnam. In Zentralvietnam wurde im Jahr 1999 eine der größten Anlagen mit 100 kW Solarenergiekapazität in der Provinz *Gia Lai* unter der Finanzierung von NEDO (*New Energy and Industrial Technology Development Organization*) installiert.[256]

Region	Sonnenstunden / Jahr	Sonnenstrahlung kcal/cm^2/Jahr	Anwendungsmöglichkeiten
Nordosten	1500-1700	100-125	Niedrig
Nordwesten	1750-1900	125-150	mittel
Nord Zentral	1700-2000	140-160	Gut
Zentrales Hochland, Süd-Zentral	2000-2600	150-175	Sehr gut
Süden	2200-2500	130-150	Sehr gut
Durchschnitt	1700-2500	100-175	gut

Tabelle 18: Sonnenstunden und Sonneneinstrahlung in Vietnam
Quelle: VUSTA, 2007, S. 41

---

[254] Vgl. ebenda
[255] Vgl. Soussan / Nilsson, 2009
[256] Vgl. VUSTA, 2007, S.43

Potentiale der Windenergie: Windenergie stellt nicht nur eine alternative Form der Energieerzeugung dar, sondern kann auch zur Reduktion der CO_2-Emissionen, die in Vietnam ein wachsendes Problem darstellen, beitragen. So würde die Verwendung von Elektrizität aus einer Windenergieturbine im Vergleich zu Kohlekraftwerken zu einer durchschnittlichen CO_2- Einsparung von 820-910 Tonnen pro GWh führen. Tatsächlich verfügt Vietnam angesichts guter Windverhältnisse über großes Potential zur Windenergienutzung. Bei der Messung des Potentials für Windenergie wird davon ausgegangen, dass 31.000 km² für Windenergie nutzbar sind, wobei 865 km² das Potential für Windenergie in der Höhe von 3.572 MW aufweisen, die laut einer Studie aus dem Jahr 2007 zu Produktionskosten von weniger als 6 US-Dollarcent/kWh führen[257]. Weiters wird festgehalten, dass Vietnam bereits über ausreichend technische Ressourcen für den Betrieb von kleinen Windturbinen verfügt, was besonders für abgelegene Regionen eine Alternative zu herkömmlichen Stromgewinnungsmethoden wäre.

3.6. Finanzierungsmöglichkeiten von Umweltprojekten in Vietnam

Im Folgenden wird ein Überblick über die zur Verfügung stehenden Förderungen gegeben, die relevant sind für Umwelttechnologieunternehmen und Umweltprojekte. Dabei wird auf die Darstellung von Exportversicherungen und Kreditversicherungen verzichtet. Zu wichtigen Unternehmen in diesem Bereich gehören für österreichische Unternehmen:[258]

- Euler Hermes Kreditversicherungen: www.eulerhermes.org
- Prisma Kreditversicherungen: www.prisma-kredit.at
- Coface Kreditversicherungen Österreich: www.coface.at
- Atradius Kreditversicherungen: www.atradius.at
- Zürich Versicherungen AG: www.zürich.at

3.6.1. Finanzierungen in Österreich

Finanzierungen ohne spezifischen Länderfokus: Die folgenden Förderungen dienen der Internationalisierung österreichischer Unternehmen. Dabei wird kein spezieller Fokus auf Vietnam gelegt.

Fernmarktförderung Go-international (www.wko.at): Die Fernmarktförderung soll Unternehmen ermutigen, die ersten Schritte in einen neuen Markt zu machen und sie dabei von direkten Markteintrittskosten entlasten. Die Förderungen umfassen dabei 50% der Nettokosten bei einer maximalen Gesamtförderhöhe von 10.000 EUR. Im Zentrum stehen Beratungskosten und Reisekosten, sowie Marketingkosten; das Projektende ist mit 31. März 2013 angegeben. Zu beachten ist, dass nicht für ein und dasselbe Land zwei Förderungen im Rahmen von Go-

---

[257] Vgl. Nguyen, 2007
[258] Für einen Überblick zu Möglichkeiten der Zahlungsabsicherung im Exportgeschäft siehe unter anderem Homlong / Springler, 2008

international Förderungen in Anspruch genommen werden können.[259]

Exportfonds Österreich (www.exportfond.at): Im Rahmen des Exportfonds werden Markterschließungskredite sowie Garantien gegeben. Die Kredithöhe liegt über der Kredithöhe im Rahmen der Fernmarktförderung der WKO. Grundsätzlich entspricht die Kredithöhe der projektierten Kosten zur Markterschließung. Die maximale Höhe beträgt 36.400 EUR plus 3 % des Gesamtumsatzes des antragstellenden Unternehmens. Dabei ergeben sich Höchstgrenzen für KMUs und Großunternehmen; diese liegen für KMUs bei insgesamt 364.000 EUR und für Großunternehmen bei EUR 728.000.[260]

Austria Wirtschaftsservice AWS (www.aws.at): Im Rahmen der Förderungen des AWS ERP-Fonds sind derzeit die Garantien für Internationalisierungsfinanzierungen relevant. Es werden Garantien für Unternehmenserweiterungen und auch Umwelttechnologien gewährt. Die Garantie kann bis zu 80% des Krediets umfassen.[261] Des Weiteren besteht im Rahmen des AWS die Möglichkeit zu einer Mittelstandsförderung, bei der im Rahmen von stillen Beteiligungen und Eigenkapital eine Förderung durchgeführt wird. Der Rahmen für diese langfristige Finanzierung liegt hierbei zwischen 300.000 EUR und 5 Millionen EUR.[262] Bis Ende Februar 2011 konnten Umwelttechnologieunternehmen im Rahmen der *CleanTech-Initiative* gefördert werden. Auf diese Weise sollten Unternehmen im Bereich alternativer Energien bei der Vermarktung der Produkte unterstützt werden. Diese Initiative ist mittlerweile ausgelaufen, sodass derzeit keine neuen Anträge gestellt werden können.

Kommerzielle Finanzierung - Österreichische Kontrollbank (www.oekb.at): Die österreichische Kontrollbank stellt unterschiedliche Finanzierungsformen zur Verfügung. Eine Finanzierungsform, die nicht an bestimmte Ziel-Länder gebunden ist, sondern allen Unternehmen zur Verfügung steht, ist die kommerzielle Finanzierung. Im Rahmen der kommerziellen Finanzierung werden unterschiedliche Zinssätze angeboten, wobei man nach Laufzeit und Zinsform (fix, flexibel und EURIBOR-Basis) unterscheiden kann. Darüber hinaus stellt die österreichische Kontrollbank auch Finanzierungen an spezielle Zielländer in Form von Soft-Loans und Projektfinanzierungen zur Verfügung. Diese werden unter 3.6.1.2. besprochen.

Länderspezifische Finanzierungen in Österreich: Die österreichische Kontrollbank stellt für österreichische Unternehmen länderspezifische (und projektspezifische) Förderungen in Rahmen von Soft Loans und Projektfinanzierungen zur Verfügung.

Soft Loan Förderung (www.oebk.at): Bei den Soft Loan-Finanzierungen soll die österreichische Exportwirtschaft unterstützt werden und gleichzeitig die

---
[259] Vgl. WKO, o.J.
[260] Vgl. Exportfonds, o.J.
[261] Vgl. AWS, o.J.a
[262] Vgl. AWS, o.J.b

nachhaltige Entwicklung von (weniger entwickelten) Zielländern gefördert werden. Dabei stehen unterschiedliche Soft Loan-Finanzierungen zur Verfügung: zum einen ein *Pre-mixed Kredit*, der einen Kredit mit niedrigem Zinssatz, langer Kreditlaufzeit und einer tilgungsfreien Periode darstellt und zum anderen ein sogenannter *Mixed Kredit*. Hierbei werden nicht rückzahlbarere Zuschüsse, zumeist zwischen 15% und 20% der Gesamtsumme, kombiniert mit einem Soft Loan-Kredit.[263] Die Finanzierung entsprechend einem Soft Loan ist zum einen an den Anteil der österreichischen Lieferungen oder Leistungen gebunden, die zumindest 60% des Vertragswertes ausmachen müssen und zum anderen an die Empfängerländer, sowie das Projektvorhaben selbst. Zusätzlich können auch Zuschüsse für Machbarkeitstudien beantragt werden, die pro Einzelvorhaben nicht über 90.000 EUR ausmachen dürfen und eine Kostenbeteiligung des Empfängerlandes von mindestens 20% der Gesamtkosten beinhalten müssen.[264] Vietnam wird derzeit als Länderrisikokategorie 5 für die Finanzierung von Soft Loans geführt.

Zur Prüfung ob ein Projekt unter die Förderungswürdigkeit von Soft Loans fällt, empfiehlt es sich, die jeweils gültigen OECD-Richtlinien durchzusehen.[265] Zusätzlich hat mit Ende 2010 Österreich mit Vietnam ein Rahmenprogramm unterzeichnet, das ab 2011 mit einer Laufzeit von zwei Jahren (bis Ende 2012) Projekte zur weiteren Entwicklung des Landes unterstützen soll. Für diese Finanzierungsmaßnahme stehen 150 Millionen EUR zur Verfügung, wobei hier wiederum mindestens 50% der Projektleistungen aus Österreich stammen müssen.[266]

Projektfinanzierungen und strukturierte Finanzierungen: (www.oekb.at) Diese Form der Finanzierung zielt auf großvolumige Projekte ab, bei denen die private Übernahme typischer staatlicher Infrastrukturmaßnahmen im Mittelpunkt steht. Dabei steht zur Besicherung der künftig erwirtschaftete Cash-Flow im Mittelpunkt. Die Form der Finanzierung und die jeweiligen Kreditlaufzeiten sind an das Projekt angepasst. Die Durchführung derartiger Projekte erfolgt zumeist in Form eines *Private Public Partnership* (PPP). Genaueres zu den Rahmenbedingungen und Antragsformen ist in den Publikationen[267] der OeKB enthalten.

3.6.2. Nationale Finanzierungen in Vietnam
International Finance Cooperation (gehört zur Weltbankgruppe): Die International Finance Cooporation (IFC) ist in Vietnam tätig. Dabei ist das Ziel, die nachhaltige Wirtschaft zu fördern und ausländische Investoren anzuziehen. Der Fokus dieser Förderung liegt bei vietnamesischen, nicht ausländischen Unternehmen. Genaueres siehe unter: www.ifc.org

---

[263] Vgl. WKO, o.J.
[264] Vgl. Maca et. al., 2007
[265] Genaueres siehe unter OECD, 2006
[266] Genaueres siehe unter Finanzministerium, 2010
[267] Siehe in diesem Zusammenhang OeKB, o.J.c; OeKB, o.J.d

Vietnam Environment Protection Fund (www.vepf.vn): Der *Vietnam Environment Protection Fund* fördert Projekte im Rahmen des CDM in Vietnam. Zusätzlich können Finanzierungen für andere Umweltprojekte beantragt werden. Die priorisierten Bereiche sind dabei: Abfallwirtschaft, Maßnahmen gegen Umweltverschmutzung, Projekte im Rahmen von Forschung und Entwicklung für umweltfreundliche Technologien, die Bewahrung von Artenvielfalt, sowie Maßnahmen zur Kommunikation und Schulung von Umweltbewusstsein. Im Rahmen des *Vietnam Environment Protection Fund* können Soft Loans beantragt werden, aber auch Garantieübernahmen und Zinszuschüsse. Der Fund wurde mit 500 Milliarden VDN dotiert und erhält jährlich Zahlungen aus den Verkäufen von CERs, Strafzahlungen für Umweltvergehen und dergleichen.[268]

Insgesamt werden die Möglichkeiten der Projektfinanzierung in Vietnam von österreichischen Unternehmen als gering eingestuft. Finanzierungen durch den Bankensektor erweisen sich als sehr teuer. Daher greifen österreichische Unternehmen auf Projektfinanzierungsmöglichkeiten in Österreich zurück oder sind im Rahmen von Großprojekten in die unter 3.6.3. beschriebenen Finanzierungen integriert.[269]

3.6.3. Internationale Finanzierungen für Vietnam

Europäische Investitionsbank: Im Jahr 2009 wurde Vietnam von der Europäischen Investitionsbank ein Darlehen in der Höhe von 100 Millionen EUR mit dem Ziel der Sicherung des Klimaschutzes gewährt. Dabei sollen Investitionen im Bereich der Energiewirtschaft im Mittelpunkt stehen. Für diesen Bereich stehen 70% der Darlehen zur Verfügung. Nachdem die Gelder von der EIB an Vietnam gerichtet sind, müssen sich Projektinteressenten an eine durchführende Bank richten. Je nach Wirtschaftbereich müssen sich Unternehmen an eine der vier folgenden Banken wenden: die *Vietnam Development Bank* (VDB), die *Vietnam Bank for Agriculture and Rural Development (Agribank)*, die *Bank for Investment and Development of Vietnam (BIDV)* oder die *Vietnam Bank for Industry and Trade (Vietinbank)*.[270]

Weitere von der europäischen Investitionsbank finanzierte Großprojekte für Vietnam umfassen unter anderem den Bau einer zweiten U-Bahnlinie in Ho Chi Minh City. In diesem Fall wurde ein Darlehen in der Höhe von 150 Millionen EUR gewährt. Die neue U-Bahn-Linie soll auf einer Strecke von 11,3 km verlaufen und 11 innerstädtische Haltepunkte umfassen.[271]

Weltbank: die Weltbank finanziert zahlreiche Großprojekte und Entwicklungsstudien zur nachhaltigen Entwicklung von Vietnam. Auch die Elektrifizierung und Maßnahmen zum Klimaschutz stellen wesentliche Bereiche

---

[268] Vgl. Ministry of Natural Resources and Environment, 2008
[269] Vgl. Interviews Dau Hong Ha, 2011; Layiakosit, 2011; Frings, 2011
[270] Vgl. EIB, 2009
[271] Vgl. EIB, 2010

dar.[272]

Asian Development Bank: Vietnam ist seit der Gründung der Asian Development Bank im Jahr 1966 Mitglied. Im Jahr 1993 wurde die Projektfinanzierung wieder aufgenommen, nachdem sie zuvor ausgesetzt worden war. Seitdem hat Vietnam insgesamt Kredite in der Höhe von zirka 9 Milliarden US-Dollar erhalten, für 114 Projekte.[273] Für die strategische Periode 2012-2014[274] stehen dem *Viet Nam Asian Development Fund* (ADF) 736 Millionen US-Dollar zwischen 2011 und 2012 und 409 Millionen US-Dollar für 2013 bis 2014 zu. Die Projekte der Asian Development Bank umfassen ein breites Spektrum an Themen.[275]

3.7. Nützliche Websites und Kontaktinformationen
3.7.1. Vietnamesische Institutionen und Behörden
Ministry of Natural Resources and Environment (MONRE): http://www.monre.gov.vn/v35/default.aspx?tabid=673

Vietnam Environment Protection Fund (VEPF): http://vepf.vn/Home

Vietnam Environment Administration: http://vea.gov.vn/en/Pages/homepage.aspx

Beratendes Organ für das Umweltministerium: Vietnam Health Environmental Management Agency (VIHEMA): http://vantan.com.vn/default_E.aspx

National Office for Climate Change and Ozon Protection: http://www.noccop.org.vn/modules.php?name=Airvariable_Intro&menuid=59

3.7.2. Internationale Institutionen
Asian Development Bank Vietnam:http://beta.adb.org/countries/viet-nam/main

Weltbank Vietnam: www.worldbank.org/vn

Asian Development Bank Vietnam: http://www.adb.org/vietnam/

3.7.3. Unternehmen
Urban Environment Company (URENCO): www.urenco.com/vn

Führendes Unternehmen des Landes für Abfallmanagement: Vietnam Water Supply Sewerage and Environment Construction Investment Corporation

---

[272] Unter http://www-wds.worldbank.org/external/default/main?pagePK=64187835&piPK=64187936&theSitePK=523679&menuPK=64187282&region=&cntry=82695&sec_sectr=&lang=&docTY=581926,540632,620243,563773&sortDesc=DOCDT&pageSize=10&dAtts=DOCDT,REPNME,REPNB,DOCTY,DOCNA,LANG,OWNER,ORIGU,VOLNB&siteName=WDS&callBack=null sind diese Projekte einsehbar
[273] Siehe genaueres unter: ADB, 2010b
[274] Siehe ADB, 2011
[275] Für eine genaue Darstellung der Projekte siehe ADB, 2011

(VIVASEEN):http://viwaseen.com.vn/en/index.php?p=index&area=1
Staatliches Unternehmen für Wasserver- und -entsorgung
Viet Nam Electric Power Group (EVN): www.evn.com.vn
Viet Nam Oil and Gas Group (PVN):http://english.pvn.vn/

3.7.4. Österreichische Vertretungen

Österreichische Botschaft:

Botschafter Dr. Georg Heindl

"Prime Center", 53, Quang Trung, 8. Stock,

Hai Ba Trung District, Hanoi

Tel: (+84/4) 3 943 3050

E-Mail: hanoi-ob@bmeia.gv.at

Internet: http://www.bmeia.gv.at/botschaft/hanoi.html

Honorarkonsul für Österreich in Ho Chi Minh City

Dr. Dao Ha Trung

27A Nguyen Dinh Chieu St., Dakao Ward,

District 1, Ho Chi Minh City

Tel. (+84/8) 3890 6006 und 3827 5766

E-Mail: dht@waz.com.vn

Ist neben der Außenhandelsstelle auch ein möglicher Ansprechpartner für österreichische Umwelttechnologieunternehmen mit Interesse an Geschäftstätigkeit in Vietnam.

Außenhandelsstelle (mit Zuständigkeit für Vietnam)

Handelsdelegierter Dr. Gustav Gressel

Chartered Square Building, 14th Floor, Suite 1403152

North Sathorn Road, Bangkok 10500, Thailand

Tel. (+66) 2 268 22 22

E-Mail: bangkok@advantageaustria.org und bangkok@wko.at

Internet: http://wko.at/awo/th

Literatur zu Kapitel 3

ADB (2006): Viet Nam, Country Synthesis Report on Urban Air Quality Management, www.adb.org

ADB (2010a): $3 billion transport projects to ease Ho Chi Minh City Gridlock, 14.12.2010, http://beta.adb.org

ADB (2010b): Asian Development Bank & Viet Nam, Fact Sheet, http://www.adb.org/Documents/Fact_Sheets/VIE.pdf

ADB (2011): Country operations Business Plan: Viet Nam 2012-2014, http://beta.adb.org/sites/default/files/cobp-vie-2012-2014.pdf

Anh, Tuan Nguyen / Lefevre, Thierry (1996): Analysis of household energy demand in Vietnam, in: Energy Policy, 24 (12), 1089-1099

ASEM WaterNet (2007): Vietnam river basins, http://asemwaternet.org/fileserver/forum/WPPOLLUT_07.pdf

Asian Pacific Energy Research Centre (2011): Energy Overview 2010, http://www.ieej.or.jp/aperc/CEEP2010.html

Asian Productivity Organization (2007): Solid-Waste Management, Issues and Challenges in Asia, http://www.apo-tokyo.org/00e-books/IS-22_SolidWasteMgt/IS-22_SolidWasteMgt.pdf

ATT Asia Travel (o.J.): Vietnam Geography Overview, http://www.traveltovietnam.info/Travel-Vietnam-Guide/information-about-vietnam/vietnam-travel-information/2/Vietnam-Geography-Overview.aspx

AWS (o.J.a): Garantien für Internationalisierungsfinanzierungen http://www.awsg.at/Content.Node/ files/kurzinfo/Internationalisierung-Garantie.pdf

AWS (o.J.b): AWS-Mittelstandsfonds, http://www.awsg.at/Content.Node/files/sonstige/Mittelstandsfonds-Kurzinformation.pdf

AWS (o.J.c): Cleantech-Initiative, http://www.awsg.at/Content.Node/files/sonstige/Cleantech-Initiative-Leitfaden.pdf

CIA Factbook (2011): Vietnam, https://www.cia.gov/library/publications/the-world-factbook/geos/vm.html

Clean Air Initiative for Asian Cities (CAI-Asia) Center (2010): Vietnam: Air Quality Profile, Metro Manila: ADB, www.cleanairinitiative.org

Cuong Manh, Nguyen (2011): Approval of the National Power Development Plan for Period 2011-2020 with Perspective to 2030, Institute for Energy, www.ievn.com.vn

Dung, Phan Viet (2011): VGP – The first busses in Viet Nam using efficient fuel made debut later last week in Ho Chi Minh City, marking a breakthrough in the city's effort to develop environmentally friendly transport, in: Online Newspaper of the Social Republic of Vietnam, 29.08.2011, http://news.gov.vn

Duong, Hong Son (o.J.): Vietnam: Water Quality Monitoring Network and Challenges, http://www.iges.or.jp/en/ltp/pdf/DHSon.pdf

Economist Intelligence Unit (2011): Asian Green City Index Assessing the environmental performance of Asia's major cities, München, http://www.siemens.com/press/pool/de/events/2011/corporate/2011-02-asia/asian-gci-report-e.pdf

EIB (2009): EIB-Darlehen für Klimaschutzinvestitionen in Vietnam, http://www.eib.org/projects/ loans/2008/20080266.htm

EIB (2010): EIB finanziert ihr zweites U-Bahn-Projekt in Vietnam, http://www.eib.org/projects/ loans/2009/20090250.htm

EIB (2011): EIB und Kommission begrüßen neues Mandat für Darlehenstätigkeit in Drittländern, http://www.eib.org/pdf?url=/about/press/2011/2011-146-eib-and-european-commission-welcome-adoption-of-new-mandate-for-lending-outside-the-eu&lang=-de

Embassy of Sweden (2011): Waste 2 Energy – From Visions to Business Opportunities, http://www.swedenabroad.com/News____9163.aspx?slaveid=127323

Exportfonds (o.J.): Neue Märkte einfach erschließen. Der Exportfonds. Ihr Finanzierungs- und Risikopartner, http://www.exportfonds.at/de/osn/DownloadCenter/Folder-Markterschlie%C3%9Fung.pdf

Finanzministerium (2010): Agreement between the Government of Austrian represented by the federal Minister of Finance and the Government of the Socialist Republic of Vietnam represented by the Ministry of Planning and Investment on Financial-Cooperation, http://www.oekb.at/de/osn/DownloadCenter/exportservice/finanzieren/Agreement-VN.pdf

Fuller Thomas (2007): Air pollution fast becoming an issue in booming Vietnam, International Herold Tribune, http://patrick.guenin2.free.fr/cantho/vnnews07/air.htm

Frost & Sullivan (2011): Identifying Key Opportunities and Markets in Vietnam's Water and Wastewater Market, http://www.slideshare.net/FrostandSullivan/identifying-key-opportunities-and-markets-in-vietnams-water-and-wastewater-market#text-version

Global Environment Centre Foundation (2008): CDM Feasibility Study for Installation of Solar Water Heating Systems in Viet Nam, http://gec.jp/main.nsf/en/Activities-CDMJI_FS_Programme-FS200822

Global Environment Centre Foundation (2009): Feasibility Study of a Small-Scale Hydropower CDM Project in Lam Dong Province, Viet Nam, http://gec.jp/main.nsf/en/Activities-CDMJI_FS_Programme-FS200921

Global Environment Centre Foundation (2010): CDM Feasibility Study for the

Introduction of Fuel Efficiency Improvement Technologies to Motorcycle in Viet Nam, http://gec.jp/main.nsf/en/Activities-CDMJI_FS_Programme-FS201006

Guttikunda, Sarath (2008): An „Air Quality Management" Action Plan for Hanoi, Vietnam, SIM-air Working Paper Series, 14-2008, www.sim-air.org

Hanh, Dang / Michaelowa, Axel / De Jong, Friso (2006): From GHGs Abatement Potential to Viable CDM projects – The Cases of Cambodia, Lao PDR and Vietnam, HWWA Report 259

Hanoi Times (2011): CO2 emissions in Vietnam at alarming rate, 20.12.2011, www.hanoitimes.com.vn

Ho Chi Minh City People Committee (2011): Sustainable Integrated System for Solid Waste Management in Ho Chi Minh City, Vietnam, http://www.iges.or.jp/en/kuc/pdf/activity20110314/8_WS-S1B-2-Viet-HoChiMinh-E.pdf

Homlong, Nathalie / Springler, Elisabeth (2009): Wirtschaftspartner Indien, Wien:LexisNexis

Huynh, Trung Hai (o.J.): Viet Nam National Study on eWaste, http://www.iges.or.jp/en/study/pdf/activity080326_rispo2/10_Waste_VietNam.pdf

ICEM (2011): Water Pollution Control Funds in Vietnam, http://www.icem.com.au/documents/water/jica_dong_nai_river_basin_pollution/Water%20pollution%20control%20funds%20in%20Vietnam%20Brief.pdf

IEA (International Energy Agency, 2011a): Energy Balances of Non-OECD Countries, Paris: OECD/IEA

IEA (International Energy Agency, 2011b): Energy Statistics of Non-OECD Countries, Paris: OECD/IEA

Kellogg Brown & Root (2008): ADB TA 4903-VIE Water Sector Review Report, http://www.vnwatersectorreview.com/files/Status_Report-full.pdf

Khanh, Toan Pham et al. (2011): Energy supply, demand, and policy in Viet Nam, with future projections, in: Energy Policy 39, S. 6814-6826

Le, Hoang Viet / Nguyen, Vo Chau Ngan / Nguyen, Xuan Hoang / Do, Ngoc Quynh / Songkasiri, Warinthorn / Stefan, Catalin / Commins, Terry (2009): Legal and institutional framework for solid waste management in Vietnam, Asian Journal on Energy and Environment, http://www.asian-energy-journal.info/Abstract/Legal%20and%20institutional%20framework%20for%20solid%20waste%20management%20in%20vietnam..pdf

Maca, Silvia / Kreutler, Christoph / Schmied, Werner /Steiner, Klaus (2007): Soft Loan Neuerungen, WKO Präsentation, http://www.oekb.at/de/osn/DownloadCenter/exportservice/finanzieren/Praesentation-Soft-Loans-Neuerungen.pdf

Maps of World (o.J.): Saigon River, http://www.mapsofworld.com/vietnam/rivers/saigon.html

Mayer Brown JSM (2011): Vietnam Power Development Plan for the 2011-2020 Period, Legal Update Infrastructure Vietnam, 1. September 2011, www.mayerbrownjsm.com

Minh, Do Tien / Sharma, Deepek (2011): Vietnam's energy sector: a review of current energy policies and strategies, in: Energy Policy 39, S.5770-5777

Ministry of Justice (2002): Decree no. 91/2002/nd-cp, http://vbqppl.moj.gov.vn/vbpq/en/Lists/Vn%20bn%20php%20lut/View_Detail.aspx?ItemID=9783

Ministry of Natural Resources and Environment (2008): Decision on Issuance of the Charter on Organization and Operation of Vietnam Environment Protection Fund, No.2031/QD-BTNMT, Hanoi, October 13, 2008

Ministry of Natural Resources and Environment (o.J.): Viet Nam CDM Project Pipeline, http://www.noccop.org.vn/modules.php?name=Airvariable_Public&menuid=62

Ngo, Kim Chi / Pham, Quoc Long (2011): Solid waste management associated with the development of 3R initatives: case study in major urban areas of Vietam, http://www.springerlink.com/content/ e7410765t01t3532/fulltext.pdf

Nguyen, Hoang Anh (2010): Wastewater management and treatment in urban areas in Vietnam, http://www.wepa-db.net/pdf/1003forum/6_vietnam_nguyenhoanganh.pdf

Nguyen, K.Q. (2007): Wind energy in Vietnam: Resource assessment, development status and future implications, in: Energy Policy 35, S.1405-1413

Nguyen, Minh Son (o.J.): Report on Water quality Component, http://www.vnwatersectorreview.com/files/Water_quality_EN.pdf

Nguyen, Nhan T. / Ha-Duong, Minh et al. (2011): The Clean Development Mechanism in Vietnam: Potential and Limitations, in: Mehling / Merrill / Upston-Hooper (Hrsg.): Improving the Clean Development Mechanism - Options and Challenges Post-2012, Berlin: Lexxion, 221-246

Nguyen, Thai Hoa et al. (2010): Sustainable Low-Carbon Society Towards 2030 in Vietnam, Asian Pacific Integrated Model Team (AIM), GCOE on Human Security Engineering for Asian Megacities - Kyoto University National Institute for Environmental Studies (NIES), http://2050.nies.go.jp/report/file/lcs_asia/Vietnam_Brochure_20100415.pdf

Nguyen, Thai Hoa et al. (o.J.): A scenario for Sustainable Low-carbon Development in Vietnam towards 2030, http://www.kadinst.hku.hk/sdconf10/Papers_PDF/p348.pdf

Nguyen, Thai Lai (2004): Viet Nam: National Water Resources Council, http://www.pacificwater.org/userfiles/file/IWRM/Toolboxes/Viet_Nam_Case%20study.pdf

Nguyen, Thanh Lam (2011): Solid Waste Management and 3R in Vietnam, Journal of Material Cycles and Waste Management, 13:25-33, http://www.env.go.jp/recycle/3r/en/forum_asia/results/pdf/20090629/13.pdf

Nguyen, Thanh Yen (2008): Overview on Healthcare Waste Management in Vietnam, http://www.3rkh.net/3rkh/files/34_3RKH_TWGSHW1_Vietnam.pdf

Nguyen, Thanh Yen (2010): Introduction on e-Waste Management in Vietnam, http://www.unep.or.jp/Ietc/spc/news-jul10/Vietnam_(Mr.Yen).pdf

Nguyen, Thi Kim Thai (2009): Hazardous industrial waste management in Vietnam: current status and future direction, http://www.springerlink.com/content/48kr0457763374v6/

OECD (2006): Ex Ante Guidance for tied aid 2005 Revision, http://www.oecd.org/officialdocuments/displaydocument/?doclanguage=en&cote=td/pg(2005)20

OeKB (o.J.a): Kommerzielle Finanzierung, http://www.oekb.at/de/exportservice/finanzieren/kommerzielle-finanzierung/seiten/default.aspx

OeKB (o.J.b): Soft Loans gemäß Länderrisikokategorie 5, http://www.oekb.at/de/exportservice/finanzieren/soft-loans/voraussetzungen/Seiten/OECDKat5.aspx

OeKB (o.J.c): Broschüre Projektfinanzierung und strukturierte Finanzierung, http://www.oekb.at/de/osn/DownloadCenter/exportservice/finanzieren/projektfinanzierung/OeKB-Projektfinanzierungen-Strukturierte-Finanzierungen.pdf

OeKB (o.J.d): Handbuch – Projektfinanzierung mit der OeKB, http://www.oekb.at/de/osn/DownloadCenter/exportservice/finanzieren/projektfinanzierung/Projektfinanzierung-OeKB-Handbuch.pdf

Omoteyama, Shinji (2009): Energy Sector in Vietnam, The Institute of Energy Economics Japan, http://eneken.ieej.or.jp/data/2588.pdf

Powergrid (20011a): Work begins on Vietnam's 1,200 MW Lai Chau hydropower project, 21.02.2011, http://www.elp.com/index/display/article-display/5350135673/articles/electric-light-power/renewable-energy/hydro/2011/02/Work_begins_on_Vietnam_s_1_200_MW_Lai_Chau_hydropower_project.html

Powergrid (2011b): Unit 1 of Vietnamese hydro plant synchronized to power grid, 07.01.2011, http://www.elp.com/index/display/article-display/5135759215/articles/electric-light-power/renewable-energy/hydro/2011/01/Unit_1_of_Vietnamese_hydro_plant_synchronized_to_power_grid.html

Powergrid (2012): PHI Group signed an agreement with Hoang Ngoc Joint Stock Co. to build a 2,000 MW coal-fired power plant in Vinh Hau Village, An Phu District, An Giang Province Vietnam, 04.01.2012, http://www.elp.com/index/display/article-display/9012796146/articles/electriclightpower/generation/coal/2012/January/PHI_Group__partners_to_build_2_000_MW_coal_power_plant_in_Vietnam.html

Prime Minister Socialist Republic of Vietnam (2009): Decision on approving the National Strategy of Integrated Solid Waste Management up to 2025, vision towards 2050, http://www.uncrd.or.jp/ env/spc/docs/PM_NSISWM_Eng.pdf

RCEE Energy and Environment JSC / Full Advantage Co. (2009): Potential Climate Change Mitigation Opportunities in Waste Management Sector in Vietnam,http://www.wds.worldbank.org/external/default/WDSContentServer/WDSP/IB/2010/11/25/000333037_20101125040744/Rendered/PDF/581070WP0P11061port1revised0June029.pdf

RNCOS (2011): Rapid Urbanization to drive Vietnam Solid Waste Market, http://www.prlog.org/11634883-rapid-urbanization-to-drive-vietnam-solid-waste-market.html

Sakai, Shin-ichi et al. (2011): International comparative study of 3R and waste management policy developments, Journal of Material Cycles and Waste Management, 13:86-102

Schmitt, Stefanie (2011): Vietnam braucht bis 2020 fast 100 neue Kraftwerke, in: Asien Kurier, 10/2011, www.asienkurier.com

Siemens (2011): Millionenstadt Singapur ist grünste Metropolis Asiens, Presse Singapur Stadt / München, 14.02.2011, www.siemens.com/presse/greencityindex

Soussan, John / Nilsson, Måns (2009): Harnessing hydropower for development: A strategic environmental assessment for sustainable hydropower development in Viet Nam: policy summary, Bangkok: GMS Environment Operations Center, ADB, http://www.sei-international.org/publications?pid=1095

Thanh, N.P. / Matsui, Y. (2011): Municipal Solid Waste Management in Vietnam: Status and the Strategic Actions, International Journal of Environmental Research and Public Health, 5(2), S. 285-296, Spring 2011, http://www.sid.ir/en/VEWSSID/J_pdf/108220110204.pdf

Tung, Thanh (2011): Hanoi struggles for cleaner air to breathe, Vietnam Investment Review, www.vir.com.vn

U.S. Commercial Service Vietnam (2010): Water and Wastewater Treatment in Vietnam, http://www.globaltrade.net/international-trade-import-exports/f/market-research/text/Vietnam/Waste-Collection-and-Treatment-of-Hazardous-Waste-Water-and-Wastewater-Treatment-in-Vietnam.html

U.S. Commercial Service Vietnam (2011): Vietnam Market for Environmental and Pollution Control Equipment and Services, http://export.gov/vietnam/static/BP-Environmental%20and%20Pollution%20Control%20Equipment%20and%20Services_Latest_eg_vn_030118.pdf

U.S. Department of State (2011): Background Note: Vietnam, http://www.state.gov/r/pa/ei/bgn/4130.htm

UNFCCC (2011): Outcome of the work of the Ad Hoc Working Group on Further Commitments for Annex I Parties under the Kyoto Protocol at its sixteenth session, Draft decision, http://unfccc.int/files/meetings/durban_nov_2011/decisions/application/pdf/awgkp_outcome.pdf

van Wasbeek, Raimund (2006?): The opportunities of Dutch companies in the waste water sector in Vietnam, http://www.nwp.nl/_docs/publicaties/Martkscan_Vietnam_Waste_water.pdf

VEPF (o.J.): Vietnam Environment Protection Fund (Informationsfolder), Hanoi

Viet Nam News (2011): Pollution threatens City water supply, http://vietnamnews.vnanet.vn/Environment/213154/Pollution-threatens-City-water-supply.html

Vietnam Embassy USA (o.J.): Ho Chi Minh City, http://www.vietnamembassy-usa.org/learn_about_vietnam/geography/ho_chi_minh_city/

VOV News (2010): Environmental polluter Vedan Vietnam compensates affected farmers, http://english.vov.vn/Home/Environmental-polluter-Vedan-Vietnam-compensates-affected-farmers/20108/118477.vov

VUSTA (Vietnam Union of Science and Technology Association) (2007): Assessment of Vietnam Power Development Plan, Hanoi

Wagner, Jörg / Le, Hung Anh (2010): Waste Management in Germany and Vietnam, http://intecus.de/publikationen_412.html

Watcharejyothin, Mayurachat / Shrestha, Ram M. (2009): Regional energy resource development and energy security under CO2 emission constraint in the greater Mekong sub-region countries (GMS), in: Energy Policy 37, S. 4428-4441

Wendell, Katelyn (2011): Improving Enforcement of Hazardous Waste Laws: a Regional Look at e-Waste Shipment Control in Asia, http://inece.org/conference/9/papers/Wendell_US_Final.pdf

World Bank (2007): Project Information Document Vietnam Rural Water Supply Development Project, http://www.wds.worldbank.org/external/default/WDSContentServer/WDSP/IB/2007/09/12/000020953_20070912103359/Rendered/PDF/40851.pdf

World Bank (2008): Economic Impacts of Sanitation in Vietnam, https://www.wsp.org/wsp/sites/wsp.org/files/publications/529200894722_ESI_Long_Report_Vietnam.pdf

World Bank (2010): Vietnam, Expanding Opportunities for Energy Efficiency, Asia Sustainable and Alternative Energy Program, Washington: World Bank

World Bank (2010a): Project Information Document Hospital Waste Management Support Project, http://www-wds.worldbank.org/external/default/WDSContentServer/WDSP/IB/2010/11/29/000003596_20101129082726/Rendered/PDF/VN0HWMSP0appraisal0PID0final.pdf

World Bank (2010b): Project Information Document Vietnam Industrial Pollution Control Project, http://www-wds.worldbank.org/external/default/WDSContentServer/WDSP/IB/2010/06/30/000262044_20100706085010/Rendered/PDF/Revised0PID0VN0Industrial0Pollution06130.pdf

World Bank (2011a): Project Information Document Urban Water Supply and Wastewater, http://www-wds.worldbank.org/external/default/WDSContentServer/WDSP/IB/2010/09/20/000262044_20100921104931/Rendered/INDEX/PID0P1190771Sept15.txt

World Bank (2011b): Project Appraisal Document (…) for the Urban Water Supply and Wastewater Project, http://www-wds.worldbank.org/external/default/WDSContentServer/WDSP/IB/2011/05/06/000386194_20110506020402/Rendered/PDF/593850PAD0P1191e0only1910BOX358351B.pdf

World Bank (2011c): Average precipitation in depth (mm per year), http://data.worldbank.org/indicator/AG.LND.PRCP.MM

World Bank (o.J.), Database: World Development Indicators&Global Development Finance, www.worldbank.org

World Bank (o.J.): Results Profile: Development Progress in Vietnam, http://web.worldbank.org/WBSITE/EXTERNAL/COUNTRIES/EASTASIAPACIFICEXT/VIETNAMEXTN/0,,contentMDK:22539306~menuPK:3949587~pagePK:1497618~piPK:217854~theSitePK:387565,00.html

Zschiesche, Michael / Duong, Thanh An (2009): A survey of the Vietnamese environmental legislation on water, http://www.elni.org/fileadmin/elni/dokumente/Archiv/2009/Heft_1/elni_Review_1-2009_Zschiesche_An_090430.pdf

Interviews in Kapitel 3

Bruck, Aregai, Senior Advisor / Program Leader Water, Sanitation and Hygiene, Netherlands Development Organisation, persönliches Interview Hanoi, 11.02.2011

Dau, Hong Ha, Chief Representative, VAMED Engineering, persönliches Interview Hanoi, 16.02.2011

Do, Thi Huyen, Program Analyst, Biodiversity and Climate Change, United Nations Development Programme, persönliches Interview Hanoi, 16.02.2011

Frings, Torsten, Director, Globalwerks Tech und Deputy General Director, MCEETECH, persönliches Interview Ho Chi Minh City, 08.02.2011

Ha, Duc Vy, Consultant to the Commercial Counsellor, Advantage Austria, persönliches Interview Ho Chi Minh City, 09.02.1011

Laiyakosit, Kasien, Managing Director, Linde Gas, persönliches Interview Ho Chi

Minh City, 09.02.1011

Nguyen, Minh Son, Deputy Director International Cooperation, National Academy for Environmental Technology, persönliches Interview Hanoi, 15.02.2011

Nguyen, Nam Phuong, Director, Vietnam Environmental Protection Fund, persönliches Interview Hanoi, 15.02.2011

Nguyen, Thi Dieu Trinh, Official, Department of Science, Education and Natural Resources and Environment, Ministry of Planning and Investment, persönliches Interview Hanoi, 14.02.2011

Nguyen, Thi Hue, Researcher, National Academy for Environmental Technology, persönliches Interview Hanoi, 15.02.2011

Tran, Kien, Manager, Vietnam Environmental Protection Fund, persönliches Interview Hanoi, 15.02.2011

4. Kambodscha – Umweltprobleme, Maßnahmen und Potentiale

Dieses Kapitel folgt dem gleichen Aufbau wie Kapitel 3 über Vietnam. Auch Kambodscha steht vor einer Reihe von Herausforderungen im Bereich Umwelt, doch im Vergleich zu Vietnam sind die Potentiale für ausländische Unternehmen zu diesem Zeitpunkt noch geringer. Dies liegt zum einen an den Schwierigkeiten bei der Finanzierung von Umweltmaßnahmen in Kambodscha – diese ist nur mit ausländischer Hilfe möglich. Zum anderen ist Kambodscha ein deutlich ärmeres und industriell weniger entwickeltes Land, sodass viele Umweltprobleme im Vergleich zu Vietnam weniger ausgeprägt sind.

4.1. Umweltschutzverwaltung und Umweltrecht

4.1.1. Struktur der Umweltschutzverwaltung

Die zentrale Behörde im Bereich der Umweltschutzverwaltung ist das *Ministry of Environment* (MoE). Die Hauptaufgaben sind die Ausarbeitung von politischen und rechtlichen Vorgaben, Umweltmanagement und Umsetzung von Umweltvorgaben.[276] Das MoE arbeitet jedoch auch mit anderen Ministerien, wie zum Beispiel dem *Ministry of Agriculture, Forestry and Fishery* (MAFF) im Bereich Forstverwaltung oder dem *Ministry of Water Resources and Meterology (MOWRAM)* bei der Verwaltung der Wasserressourcen zusammen. Das MoE kooperiert weiters auch mit NGOs, dem privaten Sektor und nationalen und internationalen Organisationen. Bei den Aufgabenbereichen der Ministerien gibt es vielfach Überlappungen. Außerdem mangelt es an ausreichenden finanziellen Mitteln für die Umsetzung vieler Umweltvorgaben, sowie an entsprechend ausgebildetem Personal.[277] Die zuständigen Behörden werden jeweils im Zusammenhang mit den behandelten Umweltbereichen aufgezeigt.

4.1.2. Grundlagen des Umweltrechts

Der Schutz von natürlichen Ressourcen ist in der Verfassung Kambodschas in Artikel 59 festgehalten. Wie auch aus Abbildung 3 ersichtlich, hat das *Law on Natural Resources Management and Environmental Protection* innerhalb der Umweltgesetzgebung Kambodschas eine zentrale Rolle inne. In diesem Gesetz sind jedoch keine Umweltstandards oder Vorgaben für Umweltmanagement enthalten, es stellt vielmehr den Rahmen für Umweltvorgaben dar. Konkrete Vorgaben sind in verschiedenen Entscheiden, Standards und anderen gesetzlichen Vorgaben, von denen einige in Abbildung 3 dargestellt sind, zu finden.[278]

---

[276] Vgl. Ministry of Evironment, 2006, S. 18f
[277] Vgl. World Bank, 2011b
[278] Vgl. Ministry of Environment, 2006, S. 16ff

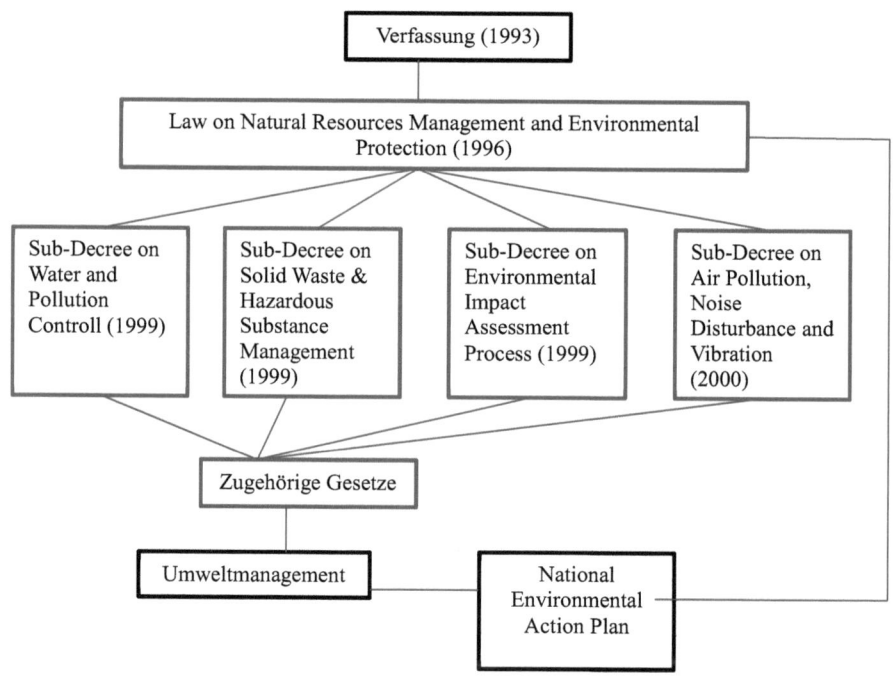

Abbildung 3: System der Umweltgesetzgebung in Kambodscha
Quelle: Punlork, 2008; eigene Darstellung

4.2. Wasser

4.2.1 Umweltprobleme im Bereich Wasser

Kambodscha verfügt zwar über umfangreiche Süßwasserressourcen – der größte Süßwassersee Asiens, der *Tonle Sap*-See, befindet sich in Kambodscha; weiters hat das Land Zugang zum Mekong-Flusssystem. Doch aufgrund mangelnder Infrastruktur zur Nutzung dieser potentiellen Wasserressourcen liegt eine Wasserknappheit vor. Dies ist vor allem für die Landwirtschaft von Relevanz: die Regierung versucht eine Erhöhung der Produktivität des Landwirtschaftssektors zu erreichen, und dabei spielt Bewässerung eine wichtige Rolle.[279] In diesem Abschnitt werden Probleme der Wasserversorgung, wie auch der Wasserentsorgung in Kambodscha näher beleuchtet.

Wasserversorgung: Wie bereits in 4.2.1 Umweltprobleme im Bereich Wasser erwähnt, hat Kambodscha von den natürlichen Gegebenheiten her einen sehr guten Ausgangspunkt in Sachen Wasserversorgung. Jährlich sind etwa 75 Milliarden

---

[279] Vgl. CDRI, 2010, S. 15

Kubikmeter Oberflächenwasser verfügbar, die Grundwasserressourcen liegen bei geschätzten 17,6 Milliarden Kubikmetern. Der *Tonle Sap*-See und der Mekong sind die Hauptwasserressourcen.[280] Allerdings führen Dämme am Mekong flussaufwärts, vor allem in China, in der Trockenzeit dazu, dass es mit der Wasserversorgung für die Landwirtschaft entlang des Flusses in Kambodscha zu Problemen kommt.[281] Bisher wird nur etwa 1% des verfügbaren Wassers genutzt, wobei die Landwirtschaft mit 95% der Hauptnutzer ist. Über 26.000 km² Fläche wurden 2008 für den Reisanbau genutzt, davon wurden knapp 43% bewässert.[282] Die Tatsache, dass Kambodscha eines der ärmsten Länder Asiens ist, spiegelt sich in der Wasserversorgung der Haushalte wider: nur etwa 41%[283] der Bevölkerung des Landes hat Zugang zu sicherer Wasserversorgung, laut einer anderen Quelle sind dies 56% (2010) der Bevölkerung[284]. Eine sichere Wasserquelle wird dabei definiert als eine öffentliche Wasserleitung oder ein Wasserleitungsanschluss im Haushalt, ein geschützter Brunnen oder Quellwasser, oder gespeichertes Regenwasser, welches in ausreichender Menge (mindestens 20 Liter pro Person) und innerhalb eines Radius von 1 km vom Wohnort verfügbar ist. Ungeschützte Brunnen oder Quellen oder der Verkauf von Wasser von Lastwägen und Lieferanten werden nicht als sichere Wasserversorgung gewertet.[285]

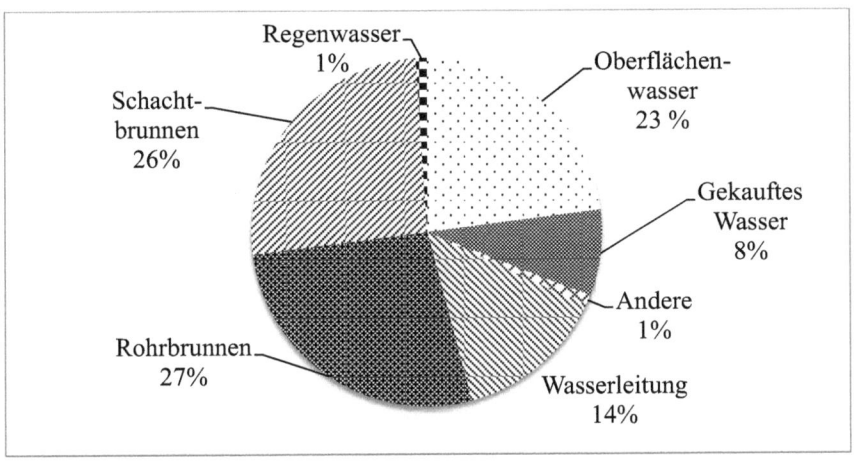

Abbildung 4: Trinkwasserversorgung in Kambodscha während der Trockenzeit, Daten von 2008

Quelle: Resource Development International, 2011

---

[280] Vgl. CDRI, 2010, S. 19
[281] Vgl. Interview Chea, 2010
[282] Vgl. CDRI, 2010, S. 19
[283] Vgl. Murphy et al., 2009, S. 562
[284] Vgl. World Bank, 2011a
[285] Vgl. ebenda

Während der Trockenzeit ist Grundwasser die wichtigste Quelle für die Trinkwasserversorgung in den ländlichen Regionen Kambodschas, da es zumeist weniger verschmutzt ist als Oberflächenwasser. Am Land trinken viele Kambodschaner während der Regenzeit Regenwasser und speichern dieses. Doch wie Abbildung 4 zeigt, macht Regenwasser nur einen sehr geringen Anteil der Wasserversorgung aus, da bis zur Trockenzeit nur wenig Regenwasser gespeichert werden kann. Wie in dieser Abbildung ersichtlich, hat mit 14% nur ein relativ geringer Anteil der Bevölkerung Zugang zu Leitungswasser. Die Versorgung mit Leitungswasser ist vor allem auf die Städte konzentriert.

Art der Wasserversorgung	Preis (USD / m^3)
Tarif Leitungswasser	
Stadt	0,07
Land	0,34
Gekauftes Wasser (von verschiedenen Anbietern, in anderen Gebinden)	
Stadt	2,47
Land	4,94
Gekauftes Wasser (in Flaschen)	
Stadt	43,21
Land	43,21
Kosten für Behandlung des Wassers (meist Kochen)	
Stadt	16,46
Land	8,23

Tabelle 19: Kosten von Trinkwasser nach Art der Wasserversorgung

Quelle: Water and Sanitation Program, 2008, S. 18; eigene Darstellung

Tabelle 19 gibt eine Übersicht über die Kosten von Trinkwasser nach Art der Wasserversorgung. Es überrascht nicht, dass Leitungswasser deutlich günstiger als der Kauf von Wasser in Flaschen und anderen Gebinden ist. Dabei ist anzumerken, dass die Qualität von gekauftem Wasser, das von verschiedenen Anbietern erhältlich ist, nicht unbedingt hoch ist.[286] Die Leitungswassertarife in den Städten liegen aufgrund effizienterer Systeme klar unter jenen am Land. Allerdings gibt es auch auffallende Unterschiede zwischen den Wassertarifen in verschiedenen Teilen des Landes – diese schwankten an ausgesuchten Orten zwischen 550 Riel in *Kandal* bis zu 1.900 Riel in *Battambang*.[287]

---

[286] Vgl. ADB, 2007
[287] Vgl. Basani / Isham / Reilly, 2008, S. 958

Fallstudie Wasserversorgung in Phnom Penh

Im Gegensatz zu der problematischen Situation der Wasserversorgung in Teilen des Landes, welche in diesem Abschnitt beschrieben wurde, gibt es in Kambodscha ein Musterbeispiel für gute Wasserversorgung, nämlich die *Phnom Penh Water Supply Authority* (PPWSA). Infolge der Herrschaft der Roten Khmer und des Bürgerkrieges war das Wasserversorgungssystem der Hauptstadt in einem äußerst schlechten Zustand gewesen – nur ein Viertel der Haushalte der Stadt hatte einen Anschluss, lediglich ein geringer Anteil davon mit Zählern. Die schlecht bezahlten und wenig motivierten Angestellten dieser staatlichen Behörde selbst waren für einen Teil der Wasserverluste verantwortlich – um 1.000 USD verschafften sie Haushalten illegale Anschlüsse. Ab dem Jahr 1993 erfolgte jedoch eine Reform der Phnom Penh Water Supply Authority. Mit externer finanzieller Unterstützung, vor allem von der *Asian Development Bank*, wurden umfassende Reformen durchgeführt, und wie Tabelle 20 zeigt, hat dieser Versorgungsbetrieb eine völlige Trendwende vorgenommen. Wie Tabelle 20 zeigt, lag der Versorgungsanteil 2010 bereits bei 91%. Innerhalb weniger Jahre soll eine 100%ige Versorgung in Phnom Penh erreicht werden. Eine Vielzahl von Maßnahmen war notwendig, um die Verbesserungen zu erreichen, darunter:

- Sanierung des gesamten Versorgungsnetzwerkes
- Installieren von Zählern bei allen Abnehmern, Umstellung auf ein EDV-basiertes Abrechnungssystem
- Einsatz von Inspektoren und Einführung von Strafen, um die Praxis der illegalen Anschlüsse abzustellen
- Personalmaßnahmen: mehr Verantwortung für das Management, autonome Entscheidungsgewalt der – nach wie vor staatlichen – Behörde beim Festsetzen des Tarifsystems und der Entwicklung der Organisationskultur, bessere Bezahlung und Anreize für die Angestellten
- Anheben der Wassertarife, um eine Deckung der Betriebs- und Instandhaltungskosten zu erreichen. Die PPWSA versorgt nicht nur Haushalte, sondern auch Behörden, Betriebe und Industrien, und es gibt unterschiedliche Tarife, wobei die höheren Tarife für Betriebe und Industrien und für Haushalte mit hohem Verbrauch die Versorgung der ärmeren Bevölkerung mitfinanzieren[288]; dabei kommt ein Blocktarif zur Anwendung.

Letzterer Punkt ist in einem Entwicklungsland wie Kambodscha von besonderer Bedeutung. Trotz Anhebung der Tarife wurden die Kosten für Wasser für den Großteil der – bis dahin noch nicht angeschlossenen – Bevölkerung gesenkt, da diese beim Kauf des Wassers von verschiedenen Anbietern etwa 1.000 Riel pro Tag zahlten, während heute der Wassertarif der PPWSA pro Monat bei 5.000 Riel

---

[288] Vgl. Das et al., 2010, S. 21

liegt. Die PPWSA weitet ihr Versorgungsnetz auch auf Phnom Penhs umgebende Bezirke aus, wo etwa 15.000 Haushalte mit niedrigem Einkommen in den Genuss von ermäßigten Tarifen und Anschlusskosten kommen. Die Entscheidung über die Stützung beziehungsweise Ermäßigungen beruhen auf einer Analyse der finanziellen Situation und einer Befragung der Familie. Je nach finanzieller Lage werden Ermäßigungen um bis zu 80% gewährt.[289]

Indikator	1993	2006	2010
Angestellte je 1.000 Anschlüsse	22	4	Keine Angabe (k.A.)
Produktionskapazität	65.000 m³/Tag	235.000 m³/Tag	ca. 300.000 m³/Tag
Wasserverluste	72%	6%	k.A.
Versorgungsanteil	25%	90%	91%
Anzahl Anschlüsse	26.881	147.000	Mehr als 200.000
Anteil Anschlüsse mit Zähler	13%	100%	k.A.
Versorgungsdauer pro Tag	10 Stunden / Tag	24 Stunden / Tag	24 Stunden / Tag
Anteil Einkassierung	48%	99,9%	k.A.
Ertrag	0,7 Milliarden Riel	34 Milliarden Riel	k.A.
Finanzielle Situation	Stark abhängig von Subventionen	Volle Kostendeckung	Volle Kostendeckung

Tabelle 20: Phnom Penh Water Supply Authority, Situation 1993 und 2006

Quelle: ADB, 2007 und Interview Visoth, 2010; eigene Darstellung

Die üblichste Form der Verwendung von Wasser in Haushalten in Kambodscha ist zum Kochen. Dies ist wiederum am Land billiger, da dort günstige Brennstoffe zur Verfügung stehen. Zusammenfassend kann festgestellt werden, dass eine Ausweitung des Wasserleitungsnetzes für die Bevölkerung aufgrund der niedrigeren Preise deutliche Einsparungen bedeuten würde. Eine Studie des *Water and Sanitation Programs* der Weltbank hat in diesem Zusammenhang errechnet, dass durch die jetzige Art der Wasserver- und -entsorgung erhebliche Wohlstandsverluste entstehen.[290]

---

[289] Vgl. ADB, 2007; Interview Visoth, 2010
[290] Vgl. Water and Sanitation Program, 2008, S. 24

Abwasserentsorgung: Nicht nur bei der Versorgung mit Wasser, sondern auch bei der Abwasserentsorgung und der Ausstattung mit sanitären Anlagen besteht in Kambodscha, besonders in ländlichen Gebieten, ein großer Nachholbedarf. So haben beispielsweise nur 19% der ländlichen Bevölkerung Zugang zu Toiletten, das bedeutet, dass über 10 Millionen Einwohner des Landes ihre Notdurft im Freien verrichten, was für deren Familien und die umliegend wohnende Bevölkerung ein Gesundheitsrisiko darstellen kann. Dieses Gesundheitsrisiko ist mit ein Grund für die hohen Sterblichkeitsraten bei Kindern. Diese liegen bei Babies bei 97 von 1.000 und bei Kindern unter 5 Jahre bei 141 von 1.000 – dies sind die höchsten Raten innerhalb der Region.[291]

Kommunale Abwässer: Abwässer, welche nicht von Industriebetrieben stammen, sofern diese überhaupt in das Kanalnetz gelangen, werden in Kambodscha meist keiner Reinigung unterzogen. Ungeklärte Abwässer stammen nicht nur von Haushalten, sondern auch von kleinen und mittleren Betrieben, Häfen, Restaurants, schwimmenden Dörfern und von landwirtschaftlichen Betrieben.[292] Beispielsweise werden sowohl geklärte, als auch nicht geklärte Abwässer aus dem Süden und Südosten Phnom Penhs gemeinsam mittels des Kanalsystems in Feuchtgebiete und Seen geleitet.[293] Interessant dabei ist, dass dies die Grundlage für den Anbau von Wasserspinat in den Seen rund um die Hauptstadt darstellt. Wasserspinat ist eines der meist konsumierten Gemüse in der Hauptstadt. Die ungeklärten städtischen Abwässer kommen somit als Dünger zur Anwendung. Diese Form der Landwirtschaft bringt für die Bauern vergleichsweise höhere Einkommen als dem Durchschnitt der Bevölkerung. Nachteilig sind dabei jedoch die erhöhten E.coli-Werte, welche bei nicht ausreichendem Waschen oder Kochen des Spinats zur Erkrankung der Konsumenten führen können.[294]

Fallstudie Sihanoukville

Die Küstenstadt im Süden des Landes hatte 2011 mit einer Umweltkrise zu kämpfen. In der Nähe der Strände schwamm ein etwa ein Quadratkilometer großer Fleck von stinkenden schwarzen Abwässern. Schuld an der Verschmutzung waren Abwässer, welche illegal von örtlichen Betrieben, darunter Geschäfte, Hotels, Restaurants, Fabriken, wie auch Haushalten, ins Meer geleitet wurden – und dies obwohl Sihanoukville seit 2006 über eine von der *Asian Development Bank* (ADB) finanzierte Abwasserreinigungsanlage im Wert von 11 Millionen USD verfügt. Die Anlage hat eine Kapazität von 5.700 km^3 pro Tag, laut Angaben der ADB ist dies ausreichend, um die Abwässer aller örtlichen Betriebe zu behandeln. Allerdings hat ein überwiegender Anteil der Personen und Betriebe – 70% – noch keinen Anschluss. In Kambodscha sei man noch nicht daran gewöhnt, Gebühren für Abwasser zu entrichten, so eine Sprecherin der ADB. Die monatlichen Gebühren

---

[291] Vgl. United Nations Development Programme, 2009, S. 8
[292] Vgl. Sokha, o.J.b, S. 3
[293] Vgl. Sokha, 2008, S. 2
[294] Vgl. Kuong / Leschen / Little, 2007, S. 8f

liegen je nach der Größe des Eigentums bei 0.86 USD bis 2.45 USD, Anschlusskosten werden nicht (mehr) verrechnet.[295] Die illegalen Abwässer stellen ein Gesundheitsrisiko für die Bevölkerung dar und bedrohen Sihanoukvilles Attraktivität als Fremdenverkehrsort.

Industrieabwässer: Das *Sub-Decree on Water Pollution Control* sieht vor, dass Industrien und andere Betriebe, wie etwa Hotels, Maßnahmen ergreifen müssen, welche die Verschmutzung durch Abwässer vermindern oder überhaupt verhindern. Dazu werden in „normalen" Fabriken und Hotels alle 90 Tage routinemäßig die Abwässer überprüft, in Fabriken - welche im Rahmen der Produktion Chemikalien einsetzen - ist das Überprüfungsintervall 45 Tage. Bei Nichteinhaltung der Wasserqualitätsvorgaben sind Geldstrafen vorgesehen.[296,297] Allerdings wurden bisher nur in wenigen Fällen Geldstrafen verhängt.[298]

Region	Menge (Volumen) an verschmutzenden Substanzen			
	Fäkalien (Tonnen)	Urin (m^3)	Grauwasser (m^3)	BOD (Tonnen)
Phnom Penh	29	287	607	58
Ebenen	71	713	1.777	196
Tonle Sap	77	765	3.100	150
Küste	26	257	1.305	37
Plateau	31	314	1.365	57
Gesamt	**234**	**2.335**	**8.154**	**497**

BOD... biochemical oxygen demand

Tabelle 21: Tägliche Menge an Verschmutzung von Inlandsoberflächengewässern und Grundwasser in Kamboscha

Quelle: Water and Sanitation Program, 2008, S. 17; eigene Darstellung

Wasserverschmutzung: Aufgrund der relativ geringen Industrialisierung sind Wasserverunreinigungen durch die Industrie im Vergleich zu anderen Ländern ein eher geringes Problem in Kambodscha. Allerdings sind die Küstengewässer durch Shrimp-Aquakultur, Offshore-Öl- und Gas-Gewinnung, Kohlenbergbau, Verunreinigung durch Schiffe und durch Abwässer von Hotels an den Küsten, wie

---

[295] Vgl. Del Gallego, 2011
[296] Vgl. Sokha, o.J.a, S. 3ff
[297] Für eine beispielhafte Liste von Betrieben – vor allem Textilbetrieben, Brauereien und Hotels in Kambodscha und deren Wasserreinigungsanlagen siehe http://www.wepa-db.net/technologies/individual/list_cam.htm
[298] Vgl. Sokha, o.J.b, S. 2

auch den starken Zuzug von Menschen zu den Küstengebieten[299] bedroht. Dämme stromaufwärts entlang des Mekong, außerhalb Kambodschas, haben außerdem einen negativen Einfluss auf die Fischerei und auf die Produktivität des Landwirtschaftssektors Kambodschas[300] – dies betrifft vor allem Dämme in China. Die Qualität der meisten Inlandsgewässer ist durch das Einleiten von Urin und Fäkalien beeinträchtigt. Tabelle 21 zeigt die geschätzten Mengen, welche täglich in den verschiedenen Teilen des Landes ins Grundwasser und in Oberflächengewässer gelangen. Aufgrund der umfangreichen Wasserressourcen des Landes fällt die Verschmutzung zwar vermindert aus, trotzdem ist unbehandeltes Wasser von den meisten Oberflächengewässern nicht für den sicheren Konsum geeignet.[301]

4.2.2. Rechtliche und administrative Grundlagen im Bereich Wasser

Vor der Gründung des *Royal Government of Cambodia* im Jahr 1993 gab es nur eine minimale Gesetzgebung über die Nutzung von Wasser. Die Ressourcenverwaltung von Wasser, vor allem jene zur Bewässerung, oblag zuvor den lokalen Verwaltungseinheiten - den Dorfanführern. Dies änderte sich, als Ende der 1980er der Privatsektor im Rahmen von Privatisierungen eine Rolle in der Wassernutzung erhielt. Wasser wurde nicht mehr als eine allen frei zur Verfügung stehende Ressource gesehen, sondern als teilweise privates Gut, dessen Nutzung vor allem an den Besitz von Land geknüpft ist. Allerdings ist in der Verfassung des Landes (aus dem Jahr 1993) in Artikel 58 und 59 festgeschrieben, dass Wasser dem Staat gehört, und dass dieser für die Planung und die Verwaltung der Wasserressourcen zuständig ist. Dabei sind die Zuständigkeiten für Wasser auf eine große Anzahl von Ministerien verteilt. Der folgende kurze Überblick zeigt überlappende Zuständigkeiten in manchen Bereichen auf:[302]

- *Ministry of Water Resources and Meterology (MOWRAM):* entwirft Strategien für das Management und den Schutz von Wasserressourcen, Datensammlung und Forschung
- *Ministry of Agriculture, Forestry and Fisheries (MAFF):* Wasserresourcenmanagement für Landwirtschaft und Fischerei
- *Ministry of Environment (MoE):* Schutz der Wasserresourcen, Monitoring von Abwässern
- *Ministry of Industry, Mining and Energy (MIME):* Richtlinien für Wasserver- und -entsorgung, Planung der Wassernutzung für die Industrie, aber auch Wasserversorgung von Provinzstädten
- *Ministry of Rural Development (MRD):* Wasserver- und -entsorgung in

---
[299] Vgl. Koch, 2011, S. 6f
[300] Vgl. University of Gothenburg, 2009, S. 4f
[301] Vgl. Water and Sanitation Program, 2008, S. 16f
[302] Vgl. CDRI, 2010, S. 19ff

ländlichen Gebieten, sowie Entwicklung von Richtlinien dazu, Bewässerung im kleinen Umfang, Schutz von Wasserresourcen in ländlichen Gebieten, Informationsarbeit über den Konsum von sauberem Trinkwasser
- *Ministry of Public Work and Transport (MPWT):* Abwasserentsorgung in Phnom Penh und in Provinzstädten, Flussbau für Wassertransport
- *Ministry of Planning (MoP):* Fünfjahrespläne über die sozio-ökonomische Entwicklung Kambodschas, Investitionspläne
- *Ministry of Health (MoH):* Monitoring von Grund- und Oberflächenwasser, welches für die öffentliche Wasserversorgung gebraucht wird

Ministry of Economics and Finance (MEF): Erstellung der sozio-ökonomischen Entwicklungspläne, Pläne über öffentliche Investitionen, Anpassung von Wasser-bezogenen Investitionsplänen an die Prioritäten der Regierung

4.2.3. Staatliche Maßnahmen

Wasserversorgung und –entsorgung: Die Regierung Kambodschas hat sich der *Millennium Declaration* verpflichtet, deren Ziel eine Verringerung der Armut und einer Verbesserung der Lebensstandards ist. Die Wasserver- und -entsorgung hat dabei eine zentrale Rolle inne. Bis zum Jahr 2015 hat sich Kambodscha im Rahmen der Millennium Declaration folgende Ziele bezüglich des Anschlusses an eine sichere Wasserversorgungsquelle gestellt: [303]

- Ländliche Bevölkerung: 50% der Bevölkerung (im Vergleich zu 24% im Jahr 1998)
- Städtische Bevölkerung: 80% der Bevölkerung (im Vergleich zu 60% im Jahr 1998)

Die *National Policy on Water Supply and Santation* aus dem Jahr 2003 sieht sogar vor, dass bis 2025 alle ländlichen Bewohner Zugang zu einer sicheren Wasserquelle und zu sanitären Anlagen haben sollten. In den Städten, aber in noch höherem Grad in den ländlichen Gebieten Kambodschas besteht somit ein äußerst umfangreicher Bedarf an Investitionen im Bereich Wasserversorgung, Abwasserentsorgung und sanitären Anlagen, um diese Ziele zu erreichen. Wasserleitungen für ländliche Gebiete sind aufgrund der damit verbundenen Kosten nicht umsetzbar, zur Verbesserung der Wasserversorgung sind daher nur Handpumpen, das Errichten von Brunnen („*ring wells*") und Speichervorrichtungen für Regenwasser möglich. Tabelle 22 zeigt den Investitionsbedarf im Zeitraum 2006 bis 2015 und welche Mittel vom Staat für die ländlichen Gebiete Kambodschas für den Bereich Wasser vorgesehen waren und sind. Kambodscha selbst hat nicht die notwendigen Mitteln, um die Milleniumsziele im Bereich Wasser für die ländliche Bevölkerung zu erreichen, doch auch die vorgesehenen Entwicklungshilfemittel (in diesem Bereich praktisch nur von der Asian Development Bank und der UNICEF) reichen nicht einmal für

---

[303] Vgl. Basani / Isham / Reilly, 2008, S. 954

die Erreichung der Hälfte der Zielvorgaben aus.[304] Wie aus Tabelle 22 zu entnehmen ist, ist die Differenz zwischen den benötigten Investitionsmitteln und den tatsächlich zur Verfügung stehenden Mitteln im Laufe der Jahre ansteigend. Für den gezeigten Zeitraum fehlt aus heutiger Sicht etwa ein Drittel der benötigten Mittel.

In Kambodschas Wirtschaft kommt dem Sektor Landwirtschaft große Bedeutung zu. Um eine Steigerung der Produktivität zu erreichen, möchte die Regierung unter anderem den Anteil der bewässerten Flächen im Zeitraum 2009 bis 2013 deutlich anheben. Dies ist auch im *Action Plan on the Management and Development of Water Resources and Meterology* (Phase II, 2009-2013) vorgesehen. Allerdings weicht die Realität von den gesetzlichen Vorgaben, welche eine effektive und nachhaltige Nutzung der Wasserressourcen vorsehen, deutlich ab. Eine wichtige Ursache dafür ist die unklare Verteilung der Verantwortungsbereiche zwischen den Ministerien, welche bereits in Abschnitt 3.2.2. aufgezeigt wurde.

Jahr	Investitionsmittel für...		Summe Investitionen für ländliche Wasserversorgung und sanitäre Anlagen	Gesamte notwendige Investitionen laut Plan	Abweichung zwischen geplanten und zugeteilten Investitionsmitteln
	Ländliche Wasserversorgung	Sanitäre Anlagen			
2006	5,295.600	3,530.400	8,826.000	10,276.000	-1,450.000
2007	5,916.600	3,944.400	9,861.000	10,276.000	-415.000
2008	4,464.000	2,976.000	7,440.000	10,276.000	-2,836.000
2009	8,260.800	5,507.200	13,768.000	10,276.000	+3,492.000
2010	5,788.800	3,859.200	9,648.000	10,276.000	-628.000
2011	4,957.200	3,304.800	8,262.000	10,276.000	-2,014.000
2012	2,225.400	1,483.600	3,709.000	10,276.000	-6,567.000
2013	2,225.400	1,483.600	3,709.000	10,276.000	-6,567.000
2014	2,225.400	1,483.600	3,709.000	10,276.000	-6,567.000
2015	1,113.000	742.000	1,855.000	10,276.000	-8,421.000
Summe	42,472.200	28,314.800	70,787.000	102,760.000	-31,973.000

Alle Beträge in USD

Tabelle 22: Investionen im Bereich ländliche Wasserver- und -entsorgung, 2006-2015

Quelle: United Nations Development Programme, 2009, S. 10; eigene Darstellung

Wasserverschmutzung: Das *Ministry of Water Resources and Meterology* ist für die Messung und Kontrolle, sowie die Aufrechterhaltung der Wasserqualität in den

---

[304] Vgl. United Nations Development Programme, 2009, S. 9

Gewässern des Landes zuständig. An 21 Stationen wird die Qualität von Oberflächengewässern erhoben.[305] Allerdings ist die Umsetzung der gesetzlichen Vorgaben zur Wasserverschmutzung als mangelhaft zu bezeichnen. Dies liegt an der ungenügenden Kenntnis der Bevölkerung über die Folgen von Wasserverschmutzung, aber auch an institutionellen Mängeln und fehlendem Know-how.[306]

4.2.4. Potentiale im Bereich Wasser

Im Bereich der Abwassersysteme besteht zum Beispiel in Kambodschas drittgrößter Stadt *Battambang* Bedarf am Bau einer neuen Anlage. Das Kanalsystem das jetzt im Einsatz ist, stammt noch aus der französischen Kolonialzeit, und die Kapazität ist zeitweise nicht ausreichend. Die kanadische Agentur für Direktinvestitionen im Ausland (*Canadian Direct Investment Abroad* - CDIA) hat hierfür bereits eine Vorstudie zu einer Machbarkeitsstudie erstellt. Diese wurde von der Asian Development Bank finanziert. Zunächst wird seitens der Stadtverwaltung noch eine Aufrüstung des bestehenden Systems geplant, doch der Bau eines neuen Abwassersystems ist erwünscht. Es wird für Battambang in den nächsten zehn Jahren ein deutliches Bevölkerungswachstum – von gegenwärtig 140.000 auf rund 200.000 Einwohner – erwartet. Mithilfe von finanziellen Mitteln aus Japan hat Phnom Penh ein neues Kanalsystem erhalten, und auch in der zweitgrößten Stadt *Siem Riep* wurde ein neues Abwassersystem gebaut.[307] Der Umweltminister kündigte an, dass ein neues Gesetz kommen solle, das es für private Unternehmen möglich machen wird, im Bereich der Abwasserentsorgung in Kambodscha leichter tätig zu werden.[308]

Während das Wasserleitungssystem in der Hauptstadt Phnom Penh eine Erfolgsgeschichte ist, sehen die Möglichkeiten für ländliche Gebiete nicht sehr vielversprechend aus. Wie im Abschnitt Wasserversorgung angesprochen, ist ein Wasserleitungssystem für ländliche Gebiete aufgrund von fehlenden finanziellen Mitteln kaum umsetzbar, Projekte können sich bestenfalls auf eher kleinräumige Initiativen mit dem Bau von Brunnen beschränken, beziehungsweise sind sie auf internationale Finanzierungen angewiesen. Beispielsweise gab es bis Ende 2011 ein von der Weltbank finanziertes Projekt im Bereich Wasser, das *Ketsana Emergency Reconstruction and Rehabilitation Project*[309], sowie ein Projekt der Asian Development Bank[310], beide im Bereich der Wasserversorgung in ländlichen Gebieten. In anderen Städten als in der Hauptstadt mangelt es ebenfalls an dem Anschluss von Haushalten an ein effizientes Wasserleitungssystem – hier bestehen

---

[305] Vgl. Interview Sachak
[306] Vgl. Sunthan, 2008, S. 8ff
[307] Vgl. Interview Sieng, 2010
[308] Vgl. Interview Koch, 2010
[309] Siehe dazu:
http://web.worldbank.org/external/projects/main?pagePK=64283627&piPK=73230&theSitePK40941&menuPK=228424&Projectid=P121075
[310] Siehe dazu
http://pid.adb.org/pid/LoanView.htm?projNo=38560&seqNo=02&typeCd=2&projType=GRNT

auch Potentiale.[311]

Seitens der Regierung Kambodschas wird erwartet, dass das Land in naher Zukunft einen deutlichen Wachstums- und Entwicklungsprozess durchläuft. Bis 2020 sollte demnach die Bevölkerung bei 18,5 bis 20,3 Millionen liegen. Die industrielle und landwirtschaftliche Entwicklung wird einen verstärkten Bedarf an Wasser mit sich führen. Unter anderem wird erwartet, dass die bewässerten Flächen um 30% zunehmen werden.[312] Angesichts dieser Prognosen und der Tatsache, dass die Regierung anstrebt, dass Kambodscha durch verbesserte Bewässerung ein bedeutender Exporteur von landwirtschaftlichen Produkten, wie zum Beispiel Reis werden soll – das ambitionierte Ziel ist es, nach Thailand zweitgrößter Reisexporteur der Welt zu werden – kann mit interessanten Potentialen für Bewässerungssysteme in naher Zukunft gerechnet werden.[313] Zudem will die Regierung alle Investitionen im Wassersektor unterstützen, besonders im Bereich Bewässerung. Dabei ist Kambodscha nicht nur auf Investitionen, sondern auch auf Know-how aus dem Ausland angewiesen, da es kaum Ingenieure mit entsprechender Ausbildung im Land gibt.[314]

4.3. Abfall

4.3.1. Umweltprobleme im Bereich Abfall

Städtischer Müll / Hausmüll: Zieht man die Menge an Abfällen in Phnom Penh die gesammelt wurden und Schätzungen über die weitere Entwicklung bis 2015 als Beispiel heran, so zeigt sich, dass alle Abfall verursachenden Quellen im Zeitraum von 2007 bis 2015 einen mindestens 50%igen Zuwachs verzeichnen – siehe dazu Tabelle 23. Spitäler haben zwar mengenmäßig einen geringen Anteil an den in Phnom Penh verzeichneten Abfallmengen, weisen aber mit Abstand die höchste Zuwachsrate auf. Auf Spitalsabfall wird im Abschnitt Abfall aus dem Gesundheitswesen noch näher eingegangen werden. Mit einer Zunahme der Abfallmenge um 145% im gleichen Zeitraum weisen Haushaltsabfälle die zweithöchste Zuwachsrate auf, zumal dies die Abfallquelle mit dem höchsten Anteil am gesamten gesammelten Müll ist. 2011 stammten fast 58% des gesamten gesammelten Abfalls von Haushalten. Stadtbewohner in Kambodscha produzieren pro Person täglich 0,54-0,6 kg, Bewohner von ländlichen Gebieten durchschnittlich 0,4 kg festen Abfall.[315] Der feste Abfall besteht zu fast drei Viertel aus organischem Abfall, Plastik hat einen Anteil von über 15% der Abfallmenge[316]. Eine Studie über die Zusammensetzung von Haushaltsmüll, die in Kambodschas zweitgrößter Stadt *Siem Riep* durchgeführt wurde, kam zu dem Ergebnis, dass der

---

[311] Vgl. Interview Reinisch, 2010
[312] Vgl. Chanrithy, 2008, S. 3
[313] Vgl. Cambodian Embassy, 2011, S. 1ff
[314] Vgl. Interviews Mao, 2010 und Sachak, 2010
[315] Vgl. Ministry of Environment Cambodia, 2010
[316] Vgl. Ministry of Environment Cambodia, 2010

Anteil an recyclingfähigen Abfallbestandteilen, mit 3% Papier, 1% Metall und 1% recyclingbarem Plastik (sowie 13% nicht-recyclingbarem Plastik) gering war. Laut dieser Studie trennen 89% der Haushalte wiederverwertbares Material vom Restmüll und verkaufen dieses. [317] Laut einer anderen Studie, die ganz Kambodscha betrachtet, werden etwa 10% des Abfalls getrennt und recycelt. Die *Community Sanitation and Recycling Organization* (CSARO), eine lokale NGO, arbeitet in städtischen Gebieten mit innovativen Recyclingprojekten und Kompostierung. Mithilfe dieser Organisation werden monatlich etwa 1,5 bis 2 Tonnen Abfall sortiert.

	2007	2009	2011	2013	2015	Zuwachs 2007-2015
Haushalte	91,6	115,7	140,5	183,8	224,1	+145%
Restaurants	7,6	9,2	11,1	13,0	15,0	+97%
Andere Betriebe (Geschäfte)	19,3	24,8	30,8	37,4	44,9	+133%
Märkte	12,6	15,7	19,3	22,9	27,0	+114%
Hotels	0,4	0,6	0,6	0,7	0,8	+100%
Büros	0,2	0,1	0,2	0,3	0,3	+50%
Schulen	1,3	1,6	1,9	2,2	2,6	+100%
Fabriken	15,1	17,7	20,11,4	22,2	24,5	+62%
Spitäler	0,6	1,0	5,2	1,8	2,3	+283%
Schlachthäuser	3,9	4,6	11,8	5,7	6,3	+62%
Unbekannte Abfallquellen	8,4	10,0	0,7	13,7	16,2	+93%
Straßenreinigung	0,4	0,6	0,7	0,7	0,9	+125%
Gesamt	**161,4**	**201,6**	**243,6**	**304,4**	**364,9**	**+160%**

Tabelle 23: Abfallsammlung in Phnom Penh, Mengen in Tonnen / Tag

Quelle: Invent, 2011, S. 2; eigene Darstellung, eigene Berechnungen

Ein Großteil der getrennten Abfälle wird zur Wiederverwertung nach Vietnam und Thailand exportiert. [318] In Kambodscha werden feste Haushalts- und Industrieabfälle zusammen auf den gleichen Deponien entsorgt. Die Deponien entsprechen nicht den Anforderungen an sichere und hygienische Lagerung von Müll. Deponien sind mitunter offene Lagerstätten, in den meisten Fällen wird der Müll in der Deponie verbrannt. Während der Regenzeit werden Abfälle oftmals in angrenzende Wohngebiete geschwemmt. [319] Recycling wird in Kambodscha von

---

[317] Vgl. Parizeau / Mclaren / Chanthy, 2006
[318] Vgl. ISSOWAMA, 2011, S. 129f
[319] Vgl. Ministry of Environment Cambodia, 2010

zwei privaten Unternehmen durchgeführt, von COMPED und SCARO.[320]

Industrieabfall: Mit 60% der gesamten Menge an Industrieabfällen machen Textilien die größte Abfallgruppe aus.[321] Dies spiegelt die Bedeutung der Textilindustrie in dem sonst industriell wenig entwickelten Land wider.

Gefährlicher Industriemüll: Da ein bedeutender Teil der Industriebetriebe Kambodschas in der Region der Hauptstadt liegen, ist gefährlicher Abfall aus der Industrie ein wachsendes Problem für Phnom Penh. Es gibt keine besonderen Abfallbehandlungsanlagen für gefährlichen Abfall, sei es aus der Industrie, aus Krankenhäusern (siehe dazu Abschnitt *Abfall aus dem Gesundheitswesen*) oder anderen Quellen. Diese Abfälle werden häufig gemeinsam mit normalen Abfällen auf offenen Deponien verbrannt.[322]

Abfall aus dem Gesundheitswesen: Die Versorgung von Kranken ist in Kambodscha bezirksweise auf drei Ebenen organisiert, mit insgesamt 942 Gesundheitszentren und 69 Krankenhäusern auf der untersten Ebene, auf der mittleren Ebene gibt es 76 Bezirksgesundheitszentren und auf der obersten Ebene neun nationale Spitäler.[323] Je Krankenhausbett fallen in Kambodscha im Schnitt etwa 0,1 kg Abfall pro Person und Tag an, in Summe pro Jahr etwa 700 Tonnen im ganzen Land.[324]

Eine 2003 in 41 dieser Gesundheitseinrichtungen auf verschiedenen Ebenen durchgeführte Untersuchung ergab, dass in 37 dieser Institutionen medizinischer von nicht medizinischem Abfall getrennt wurde. Knappe 88% hatten eine interne Müllsammlung mindestens ein Mal pro Tag. Große Gesundheitszentren und Krankenhäuser verwenden laut dieser Studie offene Lagerplätze für medizinischen Abfall, die Regenwasser ausgesetzt sind. Zum Zeitpunkt dieser Erhebung gab es ein privates Unternehmen das den Abfall von 40 Gesundheitseinrichtungen sammelte, *Phnom Penh Waste Management* war bei nur einem Spital mit dieser Aufgabe betraut.[325] Besonders Gesundheitseinrichtungen in den ländlichen Gebieten haben meist einfache und ungenügende Systeme für das Management von medizinischem Abfall.[326]

Die Verbrennung von medizinischem Abfall ist die am weitest verbreitete Praxis, wobei oftmals bei zu geringen Temperaturen verbrannt wird und die resultierende Luftverschmutzung nicht berücksichtigt wird. Gebrauchte Spritzen und andere gefährliche scharfe Gegenstände werden üblicherweise in (halb vergrabenen) Containern (*sharp pits*) entsorgt.[327] Wie auch beim Abfallmanagement generell, so

---

[320] Vgl. Touch Visalsok, 2011a
[321] Vgl. Ministry of Environment Cambodia, 2010
[322] Vgl. World Bank, 2011b
[323] Vgl. 3R Knowledge Hub, 2008, S. 20
[324] Vgl. Ananth et al., 2009, S. 159
[325] Vgl. 3R Knowledge Hub, 2008, S. 20f
[326] Vgl. World Health Organization, 2005
[327] Vgl. 3R Knowledge Hub, 2008, S. 22

gibt es auch beim Abfallmanagement von medizinischen Abfällen eine Reihe von zu Grunde liegenden Problemen. So ist etwa der nationale Aktionsplan für gefährlichen- und Krankenhausabfall nicht in der Lage, wichtige Probleme in diesem Bereich zu lösen. Es mangelt an Daten über medizinischen Abfall, das öffentliche Bewusstsein über die Auswirkungen von unsachgemäßer Handhabung von gefährlichem Abfall ist gering, die Koordination zwischen den beteiligten Behörden und Institutionen ist schlecht, und es gibt zu wenig staatliche finanzielle Mittel für geeignete Anlagen.[328]

E-Waste: Aufgrund steigender Nachfrage bei gleichzeitig geringer Kaufkraft werden in Kambodscha oftmals gebrauchte elektrische und elektronische Geräte nachgefragt. Laut Schätzungen des *United Nations Environment Programme* verfügte allerdings 2005 jeweils nur etwa eine von 1.000 Personen in Kambodscha über einen Computer. Die gleichen Zahlen galten auch für Fernseher, Festnetztelefone oder Mobiltelefone. Basierend auf diesen Zahlen und Daten darüber wie häufig diese Geräte ausgetauscht werden, fielen demnach ca. 9.200 Geräte pro Jahr an.[329] Im Bereich Mobiltelefone ist jedoch die Anzahl der Nutzer und somit auch der jährlich anfallende elektronische Abfall deutlich gestiegen. Während im Jahr 2006 in Kambodscha noch etwa 12.000 Mobiltelefone entsorgt wurden, so stieg diese Zahl 2007 sprunghaft auf fast 143.000 an, wobei diese Zahlen auch importierte Handys enthalten.[330]

Generell ist die Entsorgung von nationalem e-Waste viel weniger bedeutend als der Import von gebrauchten Geräten zur Entsorgung in Kambodscha. So wurden etwa im Zeitraum 2000 bis 2006 aus dem Ausland über 900.000 Fernseher, über 90.000 Kühlschränke und fast 200.000 Klimaanlagen nach Kambodscha exportiert. Der elektrische und elektronische Abfall wird vielfach in Deponien entsorgt oder unsachgemäß in Werkstätten zerlegt, was zu einer Verschmutzung der Böden und Luft und zu gesundheitlichen Problemen führen kann. Bei den Betreibern und Arbeitern dieser Werkstätten besteht vielfach kein oder nur ein mangelndes Bewusstsein über die möglichen gesundheitlichen Folgen ihrer Tätigkeit.[331]

4.3.2. Rechtliche und administrative Grundlagen im Bereich Abfall

Das Umweltministerium ist die wichtigste Behörde im Bereich Abfall, doch dieses gibt sogar selbst an, dass es eine unklare Verteilung der Aufgaben zwischen verschiedenen Ministerien und Behörden gibt, was die Umsetzung von Abfallmanagement-Zielen deutlich schwächt. Die Koordination zwischen verschiedenen Behörden ist begrenzt, relevante Informationen werden nur eingeschränkt ausgetauscht.[332] Das *United Nations Environment Programme* kritisiert darüber hinaus, dass die Gesetze über festen Abfall in Kambodscha nur ungenügend angewendet und durchgesetzt werden. Notwendige gesetzliche Vorgaben existieren zwar zum Teil, aber wirtschaftspolitische Maßnahmen welche

---

[328] Vgl. Punlork, 2008
[329] Vgl. United Nations Environment Programme, 2007, S. 84
[330] Vgl. Cambodia Environmental Association, 2007, S. 46f
[331] Vgl. Cambodia Environmental Association, 2007, S. 1ff
[332] Vgl. Ministry of Environment Cambodia, 2010

die Umsetzung ermöglichen, fehlen ebenso wie die nötige Informationsarbeit.[333]

Städtischer Müll / Hausmüll: In Kambodscha gibt es keine Definition von kommunalem und industriellem Abfall, es kommen jedoch Definitionen von festem- und Haushaltsabfall aus dem *Sub-Decree über Solid Waste Management* zur Anwendung. Laut diesen Definitionen besteht fester Abfall aus festen Stoffen welche nutzlos sind und entsorgt wurden oder werden sollen. Haushaltsabfall ist ein Teil des festen Abfalls, der keine giftigen oder gefährlichen Stoffe enthält, und der von Haushalten, öffentlichen Gebäuden, Fabriken, Märkten, Hotels, Geschäftsgebäuden, Restaurants, Transporteinrichtungen, Erholungsstätten und dergleichen stammt.[334] Wie aus diesen Definitionen ersichtlich, werden gefährliche Industrieabfälle nicht als Teil der Gruppe der Haushaltsabfälle behandelt.

Folgende gesetzliche Vorgaben sind für den Bereich Haushaltsabfall relevant:

- Das *Law on Environmental Protection and Natural Resources Management* von 1996
- Das *Solid Waste Management Sub-Decree*[335] aus dem Jahr 1999 zielt auf eine sichere Form der Abfallentsorgung ab, durch welche negative Auswirkungen auf die Umwelt vermieden werden sollen.[336]

Industriemüll: Wie bereits unter Abschnitt Städtischer Müll / Hausmüll erwähnt, sehen die Umweltgesetze in Kambodscha keine Trennung zwischen festem Haushalts- und Industrieabfall vor, die in dem vorigen Abschnitt genannten Gesetze kommen somit auch für Industrieabfall zur Anwendung. Darüber hinaus ist im Bereich Industriemüll auch noch die *Directive on Industrial Sludge Management* aus dem Jahr 2000 relevant.[337]

Gefährlicher Abfall: Das *Solid Waste Management Sub-Decree* sieht eine Trennung von gefährlichem Abfall von Fabriken und Spitälern von sonstigem festem Abfall vor.[338] Für gefährlichen Abfall ist weiters die *Directive on Industrial Hazardous Waste Management*[339] aus dem Jahr 2000 von Bedeutung.

Abfall aus dem Gesundheitswesen: Die für das Management von Krankenhausabfall zuständigen Behörden sind das *Ministry of Health* und das *Ministry of Environment*, auf lokaler Ebene in Phnom Penh sind dies das *Department of Hospital Services* der Gemeinde Phnom Penh und das *Department of Environment Phnom Penh*; diese sind für die Umsetzung des Strategieplans für Abfallmanagement von Krankenhausabfall zuständig.[340] Als Gesetzesgrundlage

---

[333] Vgl. Borongan / Okumura, 2010, S. 35f
[334] Vgl. Borongan / Okumura, 2010, S. 7
[335] Für den Volltext siehe http://www.gmac-cambodia.org/legal/data/Sub_Degree_on_Solid_Waste_Management.pdf
[336] Vgl. Visalsok, 2011b
[337] Vgl. Ministry of Environment Cambodia, 2010
[338] Vgl. Regional 3R Forum in Asia, 2011, S. 3f
[339] Vgl. Ministry of Environment Cambodia, 2010
[340] Vgl. 3R Knowledge Hub, 2008, S. 23

kommt die *Directive on Managing Health Wastes in the Kingdom of Cambodia* aus dem Jahr 2008 zur Anwendung.[341]

E-Waste: In Kambodscha gibt es keine eigenen Gesetze, welche die Entsorgung und Behandlung von e-Waste betreffen; somit kommt das *Sub-Decree on Solid Waste Management*, welches bereits in Abschnitt Städtischer Müll / Hausmüll erwähnt wurde, zur Anwendung. Kambodscha hat jedoch die Basler Konvention, die den Transport von gefährlichem Abfall über Landesgrenzen regelt, unterschrieben. Der Import von gebrauchten elektrischen und elektronischen Geräten ist wie bereits in Abschnitt 0. ausgeführt durchaus umfangreich. Die Regierung hat daher mehrere Ministerien mit dem Management von e-Waste – von Transport, Gebrauch bis zu Entsorgung – betraut.[342]

4.3.3 Staatliche Maßnahmen

Ein *National Strategy Plan on Integrating Solid Waste Management* wurde erarbeitet, laut diesem werden für 2015 und 2025 folgende Ziele angestrebt – siehe Tabelle 24. Eine wichtige Initiative ist 3R – *Reuse, Reduction and Recycling*. Eine Voraussetzung für Wiederverwendung und Weiterverwertung ist das Trennen von Abfall.

Vorgaben	2015	2025
Sammlung von festem Abfall in Städten zur Behandlung und Lagerung:		
Kommunale Abfälle	80%	ca. 90%
Industrieabfälle	bis zu 70%	80%
Medizinische Abfälle	ca. 50%	70%
Mülltrennung für Recycling:		
Haushalte	20%	80%
Betriebe / Geschäfte	30%	80%
Industrie	50%	80%
Kompostierung von organischem Abfall		
Haushalte	20%	Bis zu 50%
Geschäfte	20%	40%

Tabelle 24: Ziele laut National Strategy Plan on Integrating Solid Waste Management

Quelle: Ministry of Environment Cambodia, 2010, eigene Darstellung

Wie in Abschnitt Städtischer Müll / Hausmüll erwähnt, ist dies in Kambodscha zumindest teilweise üblich. Um die Abfallmengen zu reduzieren, wird im größeren Umfang Kompostierung angestrebt, was angesichts des hohen Anteils von organischem Abfall sinnvoll ist.[343]

---

[341] Vgl. Ministry of Environment Cambodia, 2010
[342] Vgl. United Nations Environment Programme, 2008, S. 1f
[343] Vgl. Ministry of Environment Cambodia, 2010

4.3.4 Potentiale im Bereich Abfall

In Kambodscha besteht im Bereich Abfall folgender Bedarf: [344,345,346]

- Abfallbehandlungsanlagen
- Moderne Deponien
- Verbrennungsanlagen für Industrieabfall
- Kompostieranlagen
- *Waste to Energy*
- Herstellung von Biogas aus organischem Abfall
- Sammlung und Behandlung von e-Waste
- Sammlung und Behandlung von Batterien
- Abfallbehandlung von Krankenhausabfällen
- Verbrennungsanlagen für Krankenhausabfälle mit Abgasreinigung

Eine große Herausforderung in Kambodscha ist der Mangel an staatlichen Mitteln für Umwelttechnologie.[347] Somit ist die Realisierung von derartigen Anlagen und Technologien an Entwicklungshilfeprojekte geknüpft. Die Asian Development Bank ist hier ein wichtiger Ansprechpartner. Es wird bereits für relativ geringe Kosten Finanzierung gegeben.[348]

In der Stadt *Battambang* – dies ist auch beispielhaft für andere Städte des Landes – gibt es Probleme mit Abfallmanagement, beginnend bei der unzureichenden Sammlung von Müll, über den Transport, Lagerung, Recycling und Behandlung. Viele Bewohner der Stadt versuchen die Abfallgebühren zu vermeiden, illegales nächtliches Entsorgen von Abfall ist weit verbreitet. Dies soll jedoch durch Geldstrafen vermindert werden. Beim Privatunternehmen, das zurzeit mit der Müllsammlung betraut ist, ist bisher nicht klar, ob dieses die Kapazität hat, ganz Battambang zu bedienen. Die Stadt- und Provinzverwaltung wäre an der Tätigkeit von ausländischen Unternehmen in diesem Bereich interessiert.[349]

4.4 Luftverschmutzung

„Air quality is a major problem in urban areas across the country. This is due to the emissions from vehicles and increasing number of industrial areas as well as

---

[344] Vgl. Punlork, 2008
[345] Vgl. Interview Reinisch, 2010
[346] Vgl. Interview Chau, 2010
[347] Vgl. Ministry of Environment Cambodia, 2010
[348] Vgl. Interview Reinisch, 2010
[349] Vgl. Interview Sieng, 2010

residential areas in urban cities especially in Phnom Penh" laut der Clean Air Initiative[350]. Nicht nur die Luftverschmutzung stellt ein Problem dar, gleichzeitig ist auch die Datenlage zur Analyse der Luftverschmutzung sehr schlecht (siehe 4.4.1.2.). Im Folgenden werden die Hauptursachen für die steigende Luftverschmutzung, sowie die Maßnahmen zur Verbesserung der Situation dargestellt.

4.4.1. Umweltprobleme im Bereich Luftverschmutzung
Die Entwicklung der CO_2-Emissionen in Kambodscha macht deutlich, dass die CO_2-Emissionen zwar mit variierendem Wachstum, jedoch kontinuierlich mit Wachstumsraten zwischen etwas über 2% bis über 10% jährlich steigen. Damit sind die CO_2-Emissionen von rund 2.860 Kilotonnen im Jahr 2002 auf rund 4.602 Kilotonnen im Jahr 2008 angestiegen; dies entspricht 0,33 metrischen Tonnen pro Kopf. Das bedeutet, dass sich die pro Kopf-CO_2-Emissionen in nur sieben Jahren um insgesamt mehr als 60% erhöht haben.[351]

Luftverschmutzung in den einzelnen Sektoren: Betrachtet man die Ergebnisse einer Studie aus dem Jahr 2009, die die Entwicklung der Emissionen bis 2035 zeigt, so wird deutlich, dass der Industriesektor die größte Verschmutzungsdynamik aufweist (gemessen an einem Basisszenario in dem von der Ausgangslage im Jahr 2000 in die Zukunft projiziert wird, unter Beibehaltung der Umweltpolitik).

	2000	2010	2015	2020	2025	2030	2035
SO_2	19	39	53	76	113	170	284
NO_x	30	44	56	72	97	133	200
CH_4	7	14	20	30	45	68	105
CO_2	2045	3803	5210	7074	10.015	14.449	25.880
Landwirtschaft	415	531	60	680	769	870	984
Dienstleistung	46	92	131	171	230	308	417
Industrie	286	1262	2033	3273	5272	8490	13.674
Haushalte	62	383	703	1066	1476	1941	2553
Transport	1092	1307	1420	1543	1726	1963	2245
Energie	144	227	323	341	542	876	6008

Tabelle 25: Gesamte Treibhauseffekte und Verschmutzer in Kambodscha, Prognose in 103 Tonnen

Quelle: Watcharejyothin, 2009, Table 6d

Tabelle 25 verdeutlicht, dass von den genannten Emissionen (SO_2, NO_x, CH_4 und CO_2) die Steigerung bei den CO_2-Emissionen am stärksten ausfällt. Neben dem

---
[350] Clear Air Initiative, o.J.
[351] Vgl. World Bank, Database.

Industriesektor weist auch der Energiesektor hohe Zuwächse auf. Im Basisszenario wird davon ausgegangen, dass der Energiesektor im Jahr 2035 6.008.000 Tonnen Emissionen emittiert – im Vergleich zu 144.000 Tonnen im Jahr 2000. Im Vergleich dazu zeigt der Transportsektor eine deutlich geringere Wachstumsdynamik. Zwar weist der Transportsektor bereits im Jahr 2000 Emissionen von 1.092.000 Tonnen auf, diese steigen laut den Prognosen in Tabelle 25 aber vergleichsweise nur auf 2.245 (10^3 Tonnen) an. Damit liegen die Schwerpunkte der Verschmutzung im Bereich Industrie und Energie.

Luftmanagement in Kambodscha: Der Bereich des Luftmanagements und der Datenerhebung zur Analyse der Luftverschmutzung liegt in Kambodscha deutlich unter den internationalen Standards. Im Rahmen der *First National Communication of Cambodia* an die *United Nations Framework Convention on Climate Change* aus dem Jahr 2002 wurde die Einschätzung der Treibhausgase in Kambodscha aus dem Jahr 1994 veröffentlicht [352]. Das Ergebnis aus der Bestandaufnahme von 1994 zeigte, dass zu diesem Zeitpunkt Kambodscha 59.708 Gg CO_2-Äquivalente emittiert hatten und gleichzeitig zu einer Reduktion von 64.850 Gg CO_2-Äquivalenten beitragen hatte. Daraus ergab sich, dass Kambodscha zu der Nettoreduktion von Treibhausgasen beigetragen hat[353].

Auf Basis dieser Daten wurde im Anschluss die Entwicklung bis 2020 projiziert, wobei sich zeigte, dass Kambodscha bereits am dem Jahr 2000 ein Nettoemitent von Treibhausgasen sein würde. Aus diesen Ergebnissen wurden in Folge die nationalen Maßnahmenkataloge in der *First National Communication of Cambodia* für die *United Nations Framework Convention on Climate Change* erstellt. Weiters wurden daraus in den nachfolgenden Vorschlägen das *National Adaptation Programme of Action to Climate Change* (NAPA) aus dem Jahr 2006[354] und die weiteren Reports zur Verringerung der Treibhausgase für die UNDP[355] abgeleitet. Derzeit arbeitet Kambodscha an der Vollendung der *Second National Communication of Cambodia* an die *United Nations Framework Convention on Climate Change*[356] mit einer neuen Bestandsaufnahme. Die bestehende Datenlage ist jedoch laut einer Studie der *Asian Development Bank* schlecht, was auch auf das eingesetzte Equipment zur Messung der Abgase zurückgeführt werden kann. So gibt es beispielsweise mobile Emissionsmessgeräte, die jedoch bei der Messung der Emissionen im Verkehr lediglich Motorräder von anderen Fahrzeugen unterscheiden, nicht jedoch eine genaue Darstellung nach Größe des Fahrzeugs liefern. Die mobilen Einsatzgeräte sind demnach auch nicht konform mit den EURO-Standards.[357]

---

[352] Vgl. Ministry of Environment, 2002
[353] Vgl. Umemija, 2006; UNFCCC, o.J.
[354] Vgl. Ministry of Environment, 2006
[355] Vgl. Sun / Ponlok, 2003; UNFCCC, o.J.
[356] Vgl. Kamal, 2011
[357] Vgl. ADB, 2006; auch Sieng betont in einem persönlichen Interview die mangelhafte Messung der Luftqualität - vgl. Interview Sieng, 2010

4.4.2. Rechtliche und administrative Grundlagen im Bereich Luftverschmutzung

Das *Ministry of Environment* (MOE) hat 1997 das Mandat erhalten, für die nationale Überwachung und Entwicklung des Umweltmanagements zu sorgen. Im Jahr 2000 wurde dem Ministerium die *Air Pollution Control* zur Überwachung der Luftverschmutzung unterstellt. Für die Kommunikation und Überwachung umweltpolitischer Belange wurde ungefähr zum selben Zeitpunkt auch das *Provincial and Municipal Environment Department* gegründet.

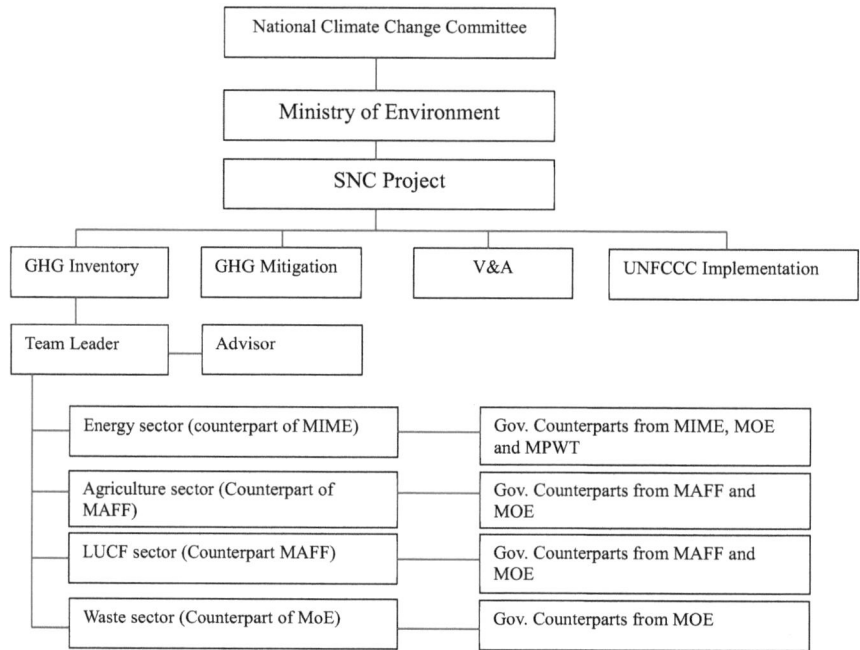

Abbildung 5: Administrative Struktur zur Luftverbesserung in Kambodscha

Quelle: Kamal, 2011

Nachdem die Erstellung der *Second National Communication* (SNC) (siehe auch Luftmanagement in Kambodscha) ein Großprojekt zur Lage der Treibhausgase und zu nationalen Maßnahmen zu deren Vermeidung darstellt, ist in

Abbildung 5 der administrative Rahmen zur Vollendung dieses Projekts dargestellt. Dabei wird zum einen deutlich, dass auch dieses Projekt (SCN) dem Umweltministerium unterstellt ist. Zum anderen zeigt sich die ministeriumsübergreifende Bedeutung des Projekts im Rahmen der Bestandaufnahme. Aus der Bestandaufnahme werden im Anschluss weitere

Vermeidungsstrategien abgeleitet. Der derzeitige Stand der SCN im Kambodscha wird im Folgenden unter 4.4.3. kurz erläutert.

4.4.3. Staatliche Maßnahmen im Bereich Luftverschmutzung

Die Bedeutung des Klimas und die Gefahr von Klimaveränderungen wurde von Kambodscha erkannt und in *Cambodia's Initial National Communication* an die *United Nations Framework Convention on Climate Change* zum Ausdruck gebracht. Auf die in diesem Zusammenhang mangelnde Datenlage wurde bereits in Abschnitt 4.4.1.2. hingewiesen. Betrachtet man die unmittelbare Umsetzung der Bestandaufnahme aus diesem Bericht in das *National Adaptation Programme of Action To Climate Change (NAPA)* von 2006, so wird deutlich, dass Maßnahmen gegen die Effekte von Klimawandel vor allem im Bereich Wasserversorgung verortet werden. Die Maßnahmen zur Verbesserung der Luftqualität werden nicht explizit genannt, sondern in den Bereich der Energieeffizienz integriert. Vor diesem Hintergrund ist auch die weitere Entwicklung der CDM-Projekte zu verstehen (siehe in diesem Zusammenhang Abschnitt 4.4.4.). Wie unter 4.4.1.1. dargestellt, werden zwar die Hauptverschmutzer in den Bereichen Industrie, Energie und Transport identifiziert, konkrete Maßnahmen fehlen jedoch weitgehend. Bereits Mitte der 2000er Jahre gab es die Initiative zur Einführung von gasbetriebenen Taxis, um die Luftverschmutzung, aber auch die Kostenbelastung zu verringern. Die Umsetzung wurde damals durch das Ministerium für öffentlichen Verkehr verzögert, das es die rechtliche Erlaubnis für eine derartige Veränderung nicht gegeben hatte. Daher wurde befürchtet, dass die in privaten Werkstätten ohne Überprüfung durchgeführten Adaptionen zu noch schwerwiegenderen Luftverschmutzungen führen würden.[358]

In den letzten Jahren haben sich die Bemühungen um eine Stärkung der staatlichen Maßnahmen zur Luftverbesserung aus dem Bereich Transport erhöht. So nimmt Phnom Penh am Projekt *„Clean Air for Smaller Cities in the ASEAN Region"* teil, das in Kooperation mit der Deutschen Gesellschaft für Internationale Zusammenarbeit (GTZ) vorangetrieben wird. Die Anzahl der zugelassenen Fahrzeuge hat von 1990 bis 2008 mit einem durchschnittlichen Wachstum von über 18% pro Jahr stark zugenommen.[359] Die Notwendigkeit eines verstärkten Fokus auf diesen Bereich der Luftverschmutzung wird deutlich gemacht. Der Prozess eines *Clean Air Plans*, der 2010 initialisiert wurde, bedarf nun konkreter Umsetzungsmaßnahmen. Diese sind nun teilweise im Begutachtungsprozeß, wie etwa der *Master Plan Public Transport*.

Masterplan zum öffentlichen Verkehr in Phnom Penh diskutiert

Auf Basis einer Studie zum öffentlichen Verkehr in Phnom Penh soll im Jahr 2012 eine neue Studie mit Ausblick auf den öffentlichen Verkehr bis ins Jahr 2035 vollendet werden. Laut *H.E. Governor KEP Chuk Thema* haben sich bereits private Firmen für Investitionen in den öffentlichen Verkehr gemeldet, wobei es

---

[358] Vgl. ADB, 2006
[359] Vgl. CitiesForCleanAir, 2010

hier einerseits um Busverbindungen geht, andererseits aber auch um das Potential für eine Straßenbahn. Die Machbarkeitsstudie für eine Verbindung zwischen dem Flughafen Phnom Penh und dem Bahnhof (*Royal Ryailway Station*) soll 2012 fertiggestellt werden.[360]

4.4.4. Potentiale im Bereich Luftreinhaltung

Die Potentiale im Bereich der Luftreinhaltung werden in engem Kontext zur Maßnahmen der Energieversorgung und Energieeffizienzsteigerung gesehen, nachdem, wie eingangs erwähnt, vor allem die Luftverschmutzung durch den Industriebereich in den nächsten Jahren laut Prognosen stark ansteigen wird. Auch das *Cambodian Research Centre for Development*[361] sieht im Bereich der Energieeffizienz die größten Potentiale für international geförderte Maßnahmen. Obwohl diese Studie bereits im Jahr 2004 verfasst wurde, hat sich an der Schwerpunktsetzung der Maßnahmen zur Luftverbesserung bis heute nur wenig verändert. Wie unter Abschnitt 4.4.3. beschrieben, werden zwar auch im Bereich Transport mit Hilfe internationaler Kooperationen Maßnahmen zur Verbesserung der Luftqualität gesetzt. Nachdem hier jedoch erst das Planungsstadium erreicht ist, ist das unmittelbare Potential gering.

Struktur und Applikationsprozess von CDM-Projekten in Kambodscha: Alle Projekte im Rahmen des CDM müssen mit dem *Law on Investment* konform sein, das die Grundlagen für ausländische Investitionen in Kambodscha darlegt. Nachdem die weiteren Rahmengesetze, *Law on Environment* und die jeweiligen nachgereihten Gesetze angewendet werden, hat ein *Environmental Impact Assessment* zu erfolgen. Danach erfolgt eine Teilung in Elektrizitäts- und Aufforstungsprojekte, für die dann die jeweiligen Gesetze *Electricity Law* und *Forestry Law* zur Anwendung kommen.[362]

Im Zentrum des Genehmigungsprozesses für CDM-Projekte steht die *Designated National Authority (DNA)*. Diese setzt sich aus einem Vorstand, einem Sekretariat und technischen Arbeitsgruppen zusammen. Der Vorstand besteht aus Mitgliedern *des Ministry of Environment, Ministry of Agriculture and Fischeries, Ministry of Planning, Ministry of Industry, Mines and Energy,* dem *Council for the Development of Cambodia,* sowie Vertretern des *Ministry of Public Works and Transport*. Die Aufgabe des Sekretariats, an welches die Anträge zu richten sind, übernimmt das *Cambodian Climate Change Department (CCD)* im Auftrag des *Ministry of Environment*. Die unterschiedlichen technischen Arbeitsgruppen sind ebenfalls aus Mitgliedern der Ministerien, sowie Repräsentanten der Fachdisziplinen der *Royal University of Phnom Penh* und der *Royal University of Agriculture* zusammengesetzt. Der organisatorische Ablauf einer CDM-Projekteinreichung in Kambodscha gliedert sich wie folgt: Nach der Einreichung beim *Cambodian Climate Change Department* als Sekretariat der DNA erfolgt die Begutachtung in Bezug auf die formalen Richtlinien und die Weiterleitung an die

---

[360] Vgl. Phnom Penh Governors News, 2011
[361] Vgl. Ponlok, 2004
[362] Vgl. Camclimate, o.J.

Fachgruppen. Dabei stehen dem Sekretariat zehn Tage zur Begutachtung zur Verfügung. Die Fachgruppen haben anschließend 30 Tage Zeit, das Projekt zu evaluieren und müssen nach diesen 30 Tagen zu einem Ergebnis kommen. Diese Zeit schließt die öffentliche Begutachtungsfrist ein. Der Abschlussbericht wird wiederum vom Sekretariat verfasst, sodass 45 Tage für den gesamten Beurteilungsprozess einschließlich des Endberichts und einer Zusage bzw. Absage geplant sind.[363]

Insgesamt wird die administrative Struktur und der Ablauf von CDM-Projekteinreichungen als gut bezeichnet. Die Tatsache, dass dennoch nur eine geringe Anzahl an Projekten in der Vorbereitungsphase ist, wird mit dem eher gering eingeschätzten Investitionspotential begründet.[364]

Beispiele für CDM-Projekte in den einzelnen Sektoren: Wie die detaillierte Aufstellung der Projektmöglichkeiten im Rahmen von CDM im Anhang verdeutlicht, sind die Möglichkeiten für die Umsetzung von Maßnahmen in diesem Bereich sehr gering. Während beispielsweise die Möglichkeiten für Maßnahmen zur Steigerung der Energieeffizienz in Vietnam als durchwegs gut eingestuft wurden, werden in vielen Bereichen der Energieeffizienz in Kambodscha keine Projektmöglichkeiten gesehen. Ähnliches gilt auch für die anderen Bereiche, die im Rahmen des CDM gefördert werden. Vor allem im Bereich der Industrieabgase liegt Kambodscha weit unter den Möglichkeiten von Vietnam. Die Projekte die bisher durchgeführt wurden, konzentrieren sich auf die Steigerung des Angebots an erneuerbarer Energie, sowie auf den Wechsel hin zu emissionssparenden Energiequellen. Insgesamt befanden sich von 2006 bis November 2011 drei Projekte unter Begutachtung. Weitere fünf Projekte werden bereits als registrierte Projekte geführt[365].

Im Bereich der erneuerbaren Energie steht ein Windprojekt in der Provinz *Monduk Kiri* im Mittelpunkt. Gemeinsam mit einem japanischen Partner sollen in insgesamt 90 Dörfern kleine Windgeneratoren mit einer Kapazität von 1,4 MW implementiert werden, mit dem Ziel 2.759 Tonnen CO_2 pro Jahr einzusparen. Die Projektdauer wurde mit 30 Jahren beantragt.[366] Ein weiteres Projekt aus dem Bereich des Brennstoffwechsels setzt sich, gemeinsam mit dem *Japan Development Institute* und dem *Sojitz Research Institute* als internationale Partner, die Förderung von Biokraftstoffen zum Ziel. Dabei sollen auf derzeit ungenutztem Land Öl-Samen (*Jatropha curcus*) angebaut werden, die dann im Rahmen einer neu zu bauenden Anlage die Stromerzeugung ermöglichen. Die prognostizierten Einsparungen an CO_2-Emissionen im Laufe von zehn Jahren sollen 429.657 Tonnen ausmachen.[367]

---

[363] Vgl. IGES, 2011
[364] Vgl. Ponlok, 2005
[365] Vgl. Ministry of Environment, o.J.
[366] Vgl. Global Environment Centre Foundation, 2004; Marubeni Corporation, 2005
[367] Vgl. Global Environment Centre Foundation, 2008

4.5. Energie

Kambodscha ist in den letzten Jahrzehnten durch eine massive Energieknappheit geprägt gewesen. Es wurden bereits in den vergangenen Jahren Maßnahmen zur Verbesserung der Lage gesetzt, zu denen auch viele internationale Institutionen (unter anderem auch die *Asian Development Bank*) beigetragen haben. Nachdem das Energieversorgungsnetz durch die Kriegsjahre nachhaltig hinterher hinkte und auch in den Jahren seit Mitte der 1990er Jahre dem Energiebedarf nicht nachkommen kann, sind zahlreiche nationale und internationale Maßnahmen zur Verbesserung der Lage zum Tragen gekommen. Das betrifft nicht nur die Energieversorgung selbst, sondern auch das allgemeine Versorgungsnetz[368], den Wunsch nach der Verringerung von Energieineffizienzen, sowie den Ausbau der Elektrifizierung in ländlichen Gegenden[369].

Daher werden im folgenden Abschnitt neben der Differenz zwischen Energienachfrage und Energieangebot auch die Probleme in den Bereichen der Energieeffizienz und Elektrifizierung, sowie die Maßnahmen und Potentiale auf diesen drei Ebenen vorgestellt. Die kambodschanische Regierung hat bereits 1999 mit der *Power Sector Strategy 1999-2016* einen weitreichenden Entwicklungsplan, der alle Mängelbereiche (Versorgung, Effizienz und Elektrifizierung)[370] enthält und um die *Rural Electrification by Renewable Energy Policy* aus dem Jahr 2006[371] bereichert wurde, dargelegt.

4.5.1. Umweltprobleme im Bereich Energie

Tabelle 26 verdeutlicht das mangelnde Energieangebot in Kambodscha. Auf Basis einer Studie zur weiteren Energieentwicklung bis zum Jahr 2035 zeigt sich, dass vor allem bis 2015 die Energieproduktion weit hinter dem Bedarf hinterherhinken wird. Erst schrittweise kann bis 2030 das Volumen der Nettoimporte reduziert werden. Voraussetzung dafür ist jedoch, dass eine Vielzahl an Maßnahmen auch unter Beteiligung internationaler Investoren vorgenommen wird. Bereits in der Vergangenheit wurde der Bereich der Wasserkraft ausgebaut. In diesem Bereich soll es auch in der Zukunft weitere Maßnahmen geben, doch der Schwerpunkt der Energieerzeugung soll bei Biomasse und Ölförderung liegen. Die Ausbaustufen, die in diesen beiden Bereichen in jüngster Zeit erreicht wurden, sind in der nachfolgenden Box (Titel: Kambodscha will mit Wasserkraftwerk und Ölraffinerie dem enormen Energiedefizit entgegenwirken) angesprochen. Die Entwicklung des Energieverbrauchs nach Sektoren, sowie die derzeitige Verteilung der Energieproduktion nach Energieformen wird nachfolgend (unter 4.5.1.1.) vorgestellt.

Weitere Probleme des kambodschanischen Energiesektors liegen in der mangelnden Elektrifizierung des Landes. Diese beträgt lediglich 24% und ist damit eine der niedrigsten in Südostasien. Zirka 87% der Bevölkerung oder rund 11

---

[368] Vgl. ADB, 2011a
[369] Vgl. ADB, 2011a
[370] Vgl. Energy & Mining Development Unit East Asia and the Pacific Region,1999
[371] Vgl. The Renewable Energy and Energy Efficiency Partnership, 2010

Millionen Einwohner nutzen Autobatterien, Kerosin und Kerzen zur Elektrizitätsversorgung und als Elektrizitätsersatz.[372] Obwohl seit Jahren ein Hauptaugenmerk auf das Vorantreiben der Elektrifizierung ländlicher Gebiete gelegt wird, gilt es auch in der Zukunft die Defizite weiter zu verringern (siehe Genaueres unter 4.5.1.4. sowie 4.5.3). Hinzu kommt, dass auch Gebiete, die eine Anbindung an das Energienetz aufweisen können, durch Energieineffizienzen im Netzwerk Energieverlusten ausgesetzt sind. Dabei wird geschätzt, dass Energieeinsparungsmöglichkeiten durch Maßnahmen zur Steigerung der Energieeffizienz von 467 GWh pro Jahr bestehen, was einem Einsparungspotential von 29% entspricht.[373]

	2000	2010	2015	2020	2025	2030	2035
Biomasse	439	484	509	534	561	589	618
Hydro	0	21	27	27	31	66	68
Öl	28	52	71	96	136	195	290
Kohle	-	-	-	-	-	-	45
Nettoenergieimporte	2	(5)	(6)	(4)	(3)	(1)	7
Gesamt	469	552	600	654	725	848	1028

Anmerkung: angenommen wird ein Basisszenario ausgehend von der derzeitigen Situation für künftige Entwicklungen, in PJ (Petajoule; 1 PJ ≈ 278 GWh)

Tabelle 26: Energieangebot und Nettoenergieimporte in Kambodscha, 2000-2035

Quelle: Watcharejyothin 2009, Table 6a; eigene Darstellung

Kambodscha will mit Wasserkraftwerk und Ölraffinerie dem enormen Energiedefizit entgegenwirken

Im Dezember 2011 wurde in der *Provinz Kampot* von Premierminister *Hun Sen* mit einer Stromerzeugungskapazität von 193,2 Megawatt das bisher größte Wasserkraftwerk des Landes eröffnet. Das Kraftwerk wird mit seiner vollständigen Inbetriebnahme im März 2012 die Stromerzeugung des Landes um fast 40% erhöhen. Insgesamt würde Kambodscha dann 500 Megawatt produzieren. Auch im Bereich der Ölförderung hat Kambodscha in jüngster Vergangenheit mit der Implementierung von neuen Projekten begonnen. Bis 2014 soll die erste Raffinerie gebaut werden, die geographisch den Provinzen *Sihanoukville* und *Kampot* zugeordnet ist. Gemeinsam mit chinesischen Partnern wird das Projekt mit einem Investitionsvolumen von zwei Milliarden US-Dollar ab April 2012 umgesetzt. Auf diese Weise steht auch der – laut Premierminister *Hu Sen* mit 12.12.2012 –

---

[372] Vgl. ADB, 2011a
[373] Vgl. The Renewable Energy and Energy Efficiency Partnership, 2010

beginnenden Offshore-Ölförderung vor der Küste von *Sihanoukville* von Seiten der Weiterverarbeitung nichts entgegen.[374]

Entwicklung des Energiebedarfs: Der Haushaltssektor ist jener Bereich in Kambodscha[375], der den größten Energiebedarf aufweist. Dabei steht in allen Bereichen bis auf die Landwirtschaft, welche der Nachfrage nach Energie mit Ölprodukten nachkommt, der Bedarf an Elektrizität im Vordergrund. Der Industriesektor ist in Kambodscha nicht auf die Produktion von energieintensiven Gütern ausgelegt. In diesem Sektor steht im Rahmen des Energiebedarfs die Elektrizität im Vordergrund. Betrachtet man die Entwicklung der Elektrizitätsnachfrage und des -angebots genauer, so lassen sich die Defizite deutlich zeigen. Damit besteht auch im Bereich der Elektrizität bereits seit dem Jahr 2008 eine Angebotsknappheit. Die Nachfrage liegt über dem Versorgungsangebot.

Das Defizit in der Elektrizitätsversorgung ist auch 2009 weiter angestiegen. Insgesamt ist dabei ein Anstieg des Elektrizitätsdefizits von weniger als 1% im Jahr 2007 auf rund 34% im Jahr 2009 zu beobachten.[376] Wesentlich zu diesem Anstieg in der Elektrizitätsnachfrage beigetragen hat sicherlich auch die fortschreitende Elektrifizierung des Landes (Anfang der 2000er Jahre hatten weniger als 9% der ländlichen Bevölkerung Zugang zu Elektrizität von Elektrizitätsnetzwerken[377]), welche die Haushaltsnachfrage insgesamt ansteigen lässt. Wie in Abschnitt 2 zu den wirtschaftlichen Rahmenbedingungen dargestellt wurde, scheint es, als hätte Kambodscha die Krise von 2008 und 2009 in Bezug auf die Exportvolumina im Jahr 2010 bereits überwunden. Dies lässt darauf schließen, dass es auch in den nächsten Jahren zu einem weiteren Ansteigen der Elektrizitätsnachfrage im Industriesektor kommen wird.

Energieversorgung: Die Energieproduktion des Landes baut auf Biobrennstoffen auf. Kambodscha verfügt zu einem vergleichsweise geringen Maß über Wasserkraft. Das tatsächliche primäre Energieangebot des Landes zeigt im Gegensatz dazu einen nennenswerten Anteil an Ölprodukten. Dieser Anteil lag im Jahr 2009 bei etwa 30%, im Jahr 1995 lag er im Vergleich dazu noch bei etwa 10%. Kambodscha selbst verfügt über große offshore-Öl- und Erdgasvorkommen, die bisher noch nicht gefördert werden.[378] Das Gebiet, in dem offshore-Ölfunde bestätigt sind, liegt im Golf von Thailand, wobei es ein 27.000 Quadratkilometer überlappendes Gebiet mit Thailand beinhaltet. Nachdem 2001 bereits ein *Memorandum of Understanding* für ein gemeinsames Projekt unterzeichnet worden war, hatte sich Thailand 2009 zurückgezogen. Durch die veränderte politische Lage in Thailand nach den Wahlen 2011 hofft man nun auf eine baldige

---

[374] Vgl. Kunmakara, 2011; Weinland / Seangly, 2011
[375] Vgl. IEA, 2011b
[376] Vgl. World Bank, Database
[377] Vgl. United Nations, o.J.
[378] Vgl. IEA, 2011a

Fortsetzung des Projekts. Die Internet-Plattform „*Invest in Cambodia*"[379] zeigt die Potentiale auf. Auch die Europäische Union sieht in der Förderung der Ölvorkommen großes Potential für die weitere Entwicklung des Landes und geht davon aus, dass die Rückflüsse aus der Ölförderung *„alle bisherigen Einkommensquellen einschließlich der offiziellen Entwicklungshilfe übersteigen"*[380] werden. Auch die Elektrizitätsgewinnung ist auf Öl ausgelegt. Die Stromerzeugung aus Ölprodukten macht mehr als 95% der Elektrizitätsversorgung aus[381]. Dieser Anteil ist seit 2005 leicht angestiegen. Wasserkraft als weitere Energiequelle stellt den gesamten Rest der Elektrizitätsversorgung. Weitere erneuerbare Energiequellen machen einen verschwindend geringen Anteil aus und liegen im Jahr 2009 bei zirka 0,5%.

Energieeffizienz: Es wurde bereits eingangs zu diesem Abschnitt auf das Energieeinsparungspotential durch eine Verbesserung und Ausweitung des Elektrizitätsnetzes verwiesen. Anfang der 2000er Jahre bestand das Energienetz in Kambodscha noch aus 24 isolierten Systemen in den größeren Städten – wobei das größte Netz durch Phnom Penh bereitgestellt wurde. Das System war durch hohe Kosten aufgrund der Ölimporte und hohe Energieverluste – nachdem es kein Hochspannungsnetz gab – gekennzeichnet.[382] Laut dem letzten verfügbaren Bericht der *Electricity Authority of Cambodia* aus dem Jahr 2010 verfügt Kambodscha per Ende 2010 über neun Hochspannungsumspannwerke, die sich teils im Besitz des staatlichen Elektrizitätsunternehmens *Electricité du Cambodge* (EDC) und teils im Besitz der *(Cambodia) Power Transmission Lines Co. Ltd* (CPTL) befinden und von diesen Unternehmen betrieben werden. Im Zentrum des Energienetzes steht weiterhin Phnom Penh, wobei vor allem die Hochspannungsleitungen von Phnom Penh nach *Battambang* und *Kampong Cham* bis 2012 weiter ausgebaut werden sollen. Zur Verbesserung des Energieimports aus Thailand wurde auch hier das Netzwerk aufgewertet. Dabei wurden vor allem die Leitungen mit mittlerer Spannung verbessert, um die Verteilung effizienter zu gestalten.[383] Zusätzlich bestehen isolierte Netze in den einzelnen Provinzen. Zur Elektrizitätsversorgung werden Lizenzen vergeben, wobei Ende 2010 278 gültige Lizenzen bestanden. Diese variieren in ihrem Umfang (etwa Energieerzeugung, Verteilung…)[384]. Das *Renewable Energy and Energy Efficiency Partnership* gab 2010 demgegenüber die Anzahl der kleinen privaten Energieunternehmen mit zirka 600 an. Diese stellen insgesamt ungefähr 5% des Elektrizitätsangebots zur Befriedigung der ländlichen Nachfrage.

---

[379] Vgl. Invest in Cambodia, 2011
[380] Europäische Union, o.J., S. 12
[381] Vgl. World Bank, o.J., Database
[382] Vgl. United Nations, o.J.
[383] Für eine detaillierte Beschreibung der Umspannwerke und Leitungen in Kambodscha siehe Electricity Authority of Cambodia, 2010
[384] Vgl. Electricity Authority of Cambodia, 2010, Table 5

Mangelnde Elektrifizierung: Etwa 80% der Bevölkerung Kambodschas lebt in ländlichen Gegenden. Die meisten der Haushalte in ländlichen Gegenden verfügen über keinen Zugang zu Elektrizität. Die Regierung strebt eine steigende Elektrifizierung an und setzt sich zum Ziel, bis zum Jahr 2030 70% der ländlichen Haushalte elektrifiziert zu haben. Gleichzeitig sollten bis zu diesem Zeitpunkt 90% der Dörfer einen Zugang zu Elektrizität haben, was bedeutet, dass mehr als 50% der Haushalte in Dörfern Elektrizität haben sollen.[385] Tabelle 27 vergleicht die Entwicklung des Zugangs von Haushalten zur Elektrizität in den Jahren 1998 und 2008, sowie zwischen städtischen und ländlichen Gebieten. Dabei ist zum einen der große Unterschied im Zugang zu einem fixen (hier genannt „städtische Energie") Energienetz in ländlichen und städtischen Gegenden zu bemerken, zum anderen das Ansteigen der Elektrifizierung von 1998 bis 2008. Trotz dieser Entwicklungen entnehmen noch immer über 34% der Haushalte ihre Elektrizität aus Batterien und fast 40% aus Kerosin. Betrachtet man nur die ländlichen Gegenden, so zeigt sich, dass auch im Jahr 2008 weniger als 10% Zugang zu einem fixen Energienetz haben und über 45% Kerosin als Elektrizitätsquelle nutzen.

		Städtische Energie %	Generatoren %	Städtische Energie und Generatoren %	Kerosin %	Kerzen %	Batterie %	Andere Quellen %
Gesamt	2008	22,47	1,72	2,20	38,61	0,41	34,06	0,53
	1998	12,56	0,99	1,56	79,86		3,56	1,47
Stadt	2008	82,53	1,86	2,65	7,4	0,38	5,03	0,15
	1998	56,89	2,08	3,86	33,48		2,95	0,74
Land	2008	9,31	1,69	2,10	45,46	0,41	40,42	0,61
	1998	3,56	0,77	1,09	89,28		3,69	1,61

Tabelle 27: Elektrizitätsquellen von Haushalten, 1998 und 2008
Quelle: Electricity Authority, 2009

4.5.2. Rechtliche und administrative Grundlagen

Die wesentlichen Institutionen am Energiesektor in Kambodscha stellen das Ministry of Industry, Mines and Energy (MIME), das Ministry of Economics and Finance (MEF), die Electricitè du Cambodge (EDC), sowie die Electricity Authority of Cambodia (EAC) dar. Die Formulierung der staatlichen Maßnahmen, sowie die strategische Planung im Energiesektor obliegt dem Ministry of Industry, Mines and Energy. Weiters soll das Ministerium die Kommunikation mit der Electricity Authority of Cambodia sicherstellen. Abgekoppelt von den restlichen Bereichen des Energiesektors ist allerdings der Öl- und Gassektor, für den die Cambodian National Petroleum Authority (CNPA) zuständig ist. Innerhalb des Ministry of Industry, Mines and Energy ist das General Directorate of Energy tätig. Dieses ist für die nachhaltige Entwicklung der Energie zuständig und setzt daher in Zusammenarbeit mit dem Ministry of Environment und dem Department of Forestry and Wildlife einen besonderen Schwerpunkt auf erneuerbare Energie -

---

[385] Vgl. United Nations o.J. S. 14

hier besonders auf Biomasse als wichtiger Energiequelle. Das letztgenannte Department ist in das Minstry of Agriculture Forestry and Fisheries (MAFF) eingegliedert.[386]

Die administrative Aufgabenverteilung für den Elektrizitätssektor ist wie folgt gegliedert: Das Ministry of Industry, Mines and Energy ist für die Formulierung und Administrierung der staatlichen Maßnahmen zuständig, während die Electricity Authority of Cambodia die Effizienz der Elektrizitätsbereitstellung sicherstellen soll. Die rechtliche Grundlage für diese Aufgabenverteilung stellt das Elektrizitätsgesetz (2001) dar[387].

4.5.3. Staatliche Maßnahmen

Grundlagen für die staatlichen Maßnahmen in den Bereichen der Kapazitätssteigerung, Effizienzsteigerung und Elektrifizierung stellen, wie eingangs zu diesem Abschnitt erwähnt, die *Power Sector Strategy 1999-2016*, die *Rural Electrification by Renerable Energy Policy*, sowie der *Renewable Electricity Action Plan 2002-2012* (REAP) dar.

Die Power Sector Strategy legt die Planung der Kapazitätserweiterung und den Netzwerkausbau fest.[388] Dabei wird deutlich, dass der Ausbau der Wasserkraft als Energiequelle im Vordergrund steht. Die Kapazitätserweiterung und auch die Netzwerkverbesserung und -erweiterung werden dabei jeweils in drei Stufen zu je fünf Jahren unterteilt[389]. Das Ziel der staatlichen Maßnahmen ist es, bis 2015 den Energiekonsum auf 350 kWh zu erhöhen und eine Elektrifizierungsrate von knapp 54% im Jahr 2020 zu erreichen. Dabei sollen 100% der Dörfer an das Energieversorgungsnetz angeschlossen sein und bis 2030 in der Folge auch 70% der Haushalte über Elektrizität verfügen. Die geschätzten Kosten zum Ausbau des Netzwerkes entsprechend dieser Ziele werden mit 1,37 Milliarden US-Dollar angesetzt.[390] Der Renewable Electrification Action Plan geht auf eine Initiative der Weltbank zurück, um den Anteil an erneuerbarer Energie zu stärken. Entsprechend dieser Initiative hat die Weltbank eine Liste mit Maßnahmen ausgegeben, die vom Renewable Electrification Fund gefördert werden können[391]. (Genaueres zu den Finanzierungsmöglichkeiten durch den Renewable Electrification Fund siehe unter 4.6.).

4.5.4. Potentiale im Bereich Energie in Kambodscha

Ein Schwerpunkt des Ausbaus des Energiesektors wird in der Zukunft in Kambodscha in der offshore-Förderung der Öl- und Erdgasfunde liegen, mit einem entsprechenden Ausbau der Raffinerien.[392] Im Bereich der erneuerbaren Energie

---

[386] Vgl. United Nations, o.J.
[387] Siehe Genaueres unter Electricity Authority of Cambodia, 2009, S. 7ff
[388] Für eine genauere Darstellung der Kapazitätsausweitungen siehe Energy & Mining Development Unit East Asia and the Pacific Region, 1999
[389] Vgl. United Nations, o.J.
[390] Vgl. ADB, 2011a
[391] Vgl. De Lopez, 2003
[392] Vgl. Open Development Cambodia, o.J.a

kam es in den letzten Jahren bereits zu einem Ausbau der Wasserkraft. Dieser Anteil wird jedoch nicht im Schwerpunkt ausgebaut werden, hier ist es vielmehr der Plan, der Biomasse und der Solarenergie einen größeren Stellenwert zuzuweisen (siehe 4.5.4.2.).

Potentiale der Hydroenergie: Die Wasserkraft zählt derzeit zu den am besten ausgebauten erneuerbaren Energiequellen und verfügt, wie eingangs in diesem Abschnitt dargestellt, über einen Anteil von etwa 5% an der Elektrizitätserzeugung. Im Bereich der gesamten Energieerzeugung ist der Biomasse-Anteil neben Öl-Produkten am Wesentlichsten. Dennoch ist auch hier die Wasserkraft vertreten. Wie der Ausblick in Tabelle 26 bis in das Jahr 2035 zeigt, soll auch der Bereich der Wasserkraft weiter ausgebaut werden, wenn auch deren Bedeutung im Vergleich zur Biomasse weiter absinken wird. Die Potentiale der Wasserkraft liegen vor allem im Bereich der Klein- und Kleinstanlagen. Große Wasserkraftwerke haben negative Auswirkungen auf die allgemeine Umweltsituation in der Mekong-Zone (siehe in diesem Zusammenhang auch die Ausführungen im Abschnitt Wasserkraft in Vietnam 3.5.4.). Die Situation ist dabei für Kambodscha von besonderer Brisanz, da sich das Land vor Vietnam am zweitweitesten flussabwärts des Mekongs befindet.[393]

Potentiale im Bereich Biomasse: Im Bereich Biomasse hat man in der Vergangenheit in Kambodscha vor allem Holz als Brennstoff verwendet. Studien zum weiteren Potential greifen vor allem die Nebenprodukte aus landwirtschaftlicher Produktion als Potentiale für Kleinanlagen – wiederum vor dem Hintergrund der Elektrifizierung ländlicher Gebiete – auf.[394] In diesem Bereich werden vor allem Reishülsen verwendet. Nachdem die Reisproduktion einen wesentlichen Bestandteil der landwirtschaftlichen Erzeugnisse einnimmt, sind Reishülsen als Produkt vorhanden, wobei geschätzt wird, dass ungefähr zwei Kilo Reishülsen gebraucht werden, um eine kWh an Elektrizität zu produzieren. Dabei muss allerdings bedacht werden, dass nicht in allen Gebieten des Landes Reis in gleicher Menge produziert wird und auch Reishülsen bereits andere Verwendung finden. Dennoch konzentriert sich die Ausweitung der Kapazitäten im Bereich Biomasse vor allem auf dieses Produkt.[395] Derzeit sind in Kambodscha zirka 90 Biomasse-Gasanlagen in Betrieb[396], wobei Reishülsen, aber unter anderem auch Kokosnussschalen verwendet werden. Verwendet wird die generierte Energie zum einen für die direkte Produktion in Reismühlen, aber auch in Ziegelbrennereien und Textilunternehmen und zum anderen für die Steigerung der Elektrizitätsversorgung in ländlichen Elektrizitätsunternehmen, um die Elektrifizierung voranzutreiben. Der Preis für eine Tonne Reishülsen liegt zwischen 0 und 5 US-Dollar, zusätzlich müssen noch die Transportkosten

---

[393] Für eine Darstellung der geplanten Dämme entlang des Mekong siehe Pech et al., 2010; für eine genauere Darstellung der Standorte und Netzanbindungen siehe Open Development Cambodia, o.J.b und Open Development Cambodia, o.J.c
[394] Vgl. De Lopez, 2003
[395] Vgl. Abe et al., 2007
[396] Für eine Auflistung der betriebenen Anlagen siehe Salam et al., 2010

gerechnet werden.[397]

Potentiale der Sonnen- und Windenergie: Das Potential für Solarenergie wird in Kambodscha als sehr hoch eingestuft. Studien zur geographischen Verteilung der Sonneneinstrahlung zeigen, dass im Osten die Sonneneinstrahlung höher ist als im Westen. Insgesamt wird auf einen Durchschnittswert von 18.3 MJ/m^2-Tag verwiesen[398]. Im Vergleich zum Potential der Sonnenenergie wird das Potential der Windenergie als gering eingestuft. Dies gilt vor allem im Vergleich zu den erzielbaren Energiewerten aus Windenergie in den benachbarten Staaten Kambodschas, wie etwa in Vietnam (siehe Abschnitt 3.5.). Gleichzeitig muss allerdings erwähnt werden, dass es aufgrund der hohen Kosten bei der Installation der Solarenergie und den geringen Förderungen kaum zu einer Umsetzung des Potentials kommt.[399]

Solarenergieprojekt schafft Elektrizität für Haushalte ohne Anbindung an das kambodschanische Energienetz

Das bisher größte Solarprojekt in Kambodscha steht kurz vor seinem Abschluss. Bis Ende Jänner 2012 sollen insgesamt 12.000 Solaranlagen für Haushalte installiert sein. Nachdem immer noch eine hohe Anzahl der Haushalte ohne Anschluss an das Elektrizitätsnetz ist, stellt die Solarenergie eine Möglichkeit dar, das Ziel zu erreichen, bis 2030 allen Haushalten den Zugang zu Elektrizität zu ermöglichen.[400] Bereits 2009 wurden mit Unterstützung des *United Nations Development Program* und lokalen Organisationen 500 Solaranlagen für Haushalte installiert. *"The producing of the solar energy electricity does not affect the environment and global warming, and the solar energy electricity will be used for healthcare and education fields,"* sagte in diesem Zusammenhang *Kong Pharith,* der Präsident der *Capacity Building Organization.*[401]

4.6. Finanzierungsmöglichkeiten von Umweltprojekten in Kambodscha

Im Folgenden wird ein Überblick über die Förderungen in Österreich, die internationalen Förderungen und nationalen Förderungen in Kambodscha gegeben. Im Bereich der internationalen Förderungen sind auch die Kooperation mit NGOs und Entwicklungsgesellschaften anderer Länder hervorzuheben. Chinesische, französische und deutsche Unternehmen sind unter anderem im Energiesektor tätig.[402]

---

[397] Vgl. Salam et al., 2010
[398] Vgl. Janjai et al., 2011
[399] Vgl. Interview Uch, 2010
[400] Vgl. Reuy / Montano, 2012
[401] Permanent Mission of the Kingdom of Cambodia to the United Nations (2009)
[402] Vgl. Interview Soun, 2010

4.6.1. Finanzierungen in Österreich
Die allgemeinen Export- und Finanzierungsförderungen, die in Österreich für Unternehmen gegeben werden, sind unter 3.6.1. dargestellt. Nachdem diese genauso auch für Kambodscha zutreffen, werden sie an dieser Stelle nicht nochmals wiedergegeben. Im Gegensatz zu Vietnam gibt es durch die österreichische Kontrollbank keine länderspezifische Förderung für Kambodscha im Rahmen von Soft Loans. Daher muss dieser Teil hier ausgeklammert werden. Für die Möglichkeiten der Förderungen von Projekten im Rahmen von strukturierten Finanzierungen siehe 3.6.2.

4.6.2. Nationale Finanzierungen in Kambodscha
In Kambodscha steht der *Rural Electrification Fund* durch die Schwerpunktsetzung der staatlichen Maßnahmen zur Elektrifizierung des Landes im Mittelpunkt der nationalen Finanzierungsmöglichkeiten. In diesem Zusammenhang ist der *Rural Electrification Fund* auch für die Verteilung der Mittel im Rahmen von Weltbankprojekten zuständig. Die kambodschanische Regierung hat mit der Weltbank im Jahr 2004 zwei Überkommen zur Förderung von Umweltprojekten unterzeichnet, das *Developmental Credit Agreement* (DCA) und den *Global Environmental Facility Trust Fund* (GEF). Im Zentrum aller Förderungen steht die Einhaltung des Elektrifizierungsplans der kambodschanischen Regierung, die bis 2030 eine volle Elektrifizierung aller Ortschaften erzielen möchte. Obwohl zahlreiche Sub-Projekte und Programme mit Ende 2010 beziehungsweise 2011 ausgelaufen sind, gilt der *Rural Electrification Fund* weiterhin als wichtige Anlaufstelle für die Finanzierung von Umweltprojekten. [403] Ähnlich wie auch im Fall von Vietnam werden in Kambodscha die Möglichkeiten der nationalen Finanzierungen von österreichischen Unternehmen als gering und teuer eingestuft. [404]

4.6.3. Internationale Finanzierungen für Kambodscha
Europäische Investitionsbank: Die Europäische Investitionsbank hat mit Ende 2011 nun auch ein Mandat für Kambodscha, wobei Klimaschutzprojekte im Mittelpunkt stehen sollen. Es werden durch die Ausweitung des Mandats auch übergeordnete Ziele definiert, die folgende Elemente umfassen:

- Entwicklung des privaten Sektors auf lokaler Ebene, einschließlich der Unterstützung kleiner und mittlerer Unternehmen (KMU)
- Soziale und wirtschaftliche Infrastruktur
- Anpassung an den Klimawandel und Abschwächung seiner Folgen

Nachdem das Mandat erst Ende 2011 in Kraft getreten ist, gibt es derzeit noch keine Informationen über die durchführenden Stellen und die Vermittlung der Gelder durch kambodschanische Stellen.

Weltbank: Die Weltbank ist sehr aktiv in Kambodscha. Dabei sind die Projekte

---
[403] Vgl. Rural Electrification Fund, 2008; für eine Aufstellung der Projekte des Jahres 2010 und die Darstellung der Gelder siehe Rural Electrification Fund, 2011
[404] Vgl. Interview Gridling, 2010

nicht nur auf die Verbesserung der Situation für Klein- und Mittelbetriebe, oder auf eine Steigerung der Energiekapazitäten ausgerichtet, sondern widmen sich auch dem strukturellen Wandel und der Stärkung der Regionen. Auch in Kambodscha werden von der Weltbank Großprojekte gefördert, die für Klein- und Mittelbetriebe weniger relevant sind.[405]

Asian Development Bank: Die Asian Development Bank hat mit Kambodscha im Jahr 2011 ein neues Strategiepapier unterzeichnet.[406] Die Asian Development Bank unterstützt auf diese Weise den nationalen Entwicklungsplan. Im Zeitraum von 2011-2013 sollen dabei 500 Millionen US-Dollar zur Verfügung gestellt werden. Insgesamt hat Kambodscha seit seinem Beitritt zur Asian Development Bank im Jahr 1996 1,17 Milliarden US-Dollar für 56 Projektkredite erhalten[407]. Ähnlich wie auch im Rahmen der Weltbank werden auch von der Asian Development Bank Großprojekte unterstützt.

4.7. Nützliche Websites

4.7.1. Kambodschanische Institutionen und Behörden

Ministry of the Environment: http://www.moe.gov.kh/ (bislang funktioniert die englische Version der Website nicht)

Ministry of Rural Development: http://www.mrd.gov.kh/index.php?lang=en

Ministry of Water Resource and Meteorology: http://www.mowram.org/temp/en/message.php

Phnom Penh Water Supply Authority: http://www.ppwsa.com.kh/

Battambang Province and Municipality: http://www.battambang-town.gov.kh/city_info/display/cms/frame/index.cfm?region_id=27&id=57&lang_id=3

Electricity Authority of Cambodia: http://www.eac.gov.kh/index.php

Eletcricitè du Cambodge: http://www.edc.com.kh/

Rural Electrification Fund: www.ref.gov.kh

4.7.2. Internationale Institutionen und NGOs

Asian Development Bank: http://www.adb.org/

Cambodian Education and Waste Management Organization - COMPED (NGO): http://comped-

---

[405] Die Projekte sind einsehbar unter: http://web.worldbank.org/external/default/main?menuPK=293887&pagePK=141155&piPK=141124&theSitePK=293856

[406] Vgl. ABD, 2011b

[407] Genaueres siehe unter http://beta.adb.org/countries/cambodia/main

cam.org/index.php?option=com_content&task=view&id=12&Itemid=27

World Bank in Kambodscha:
http://web.worldbank.org/WBSITE/EXTERNAL/COUNTRIES/EASTASIAPACI
FICEXT/CAMBODIAEXTN/0,,contentMDK:20174297~menuPK:293899~pageP
K:1497618~piPK:217854~theSitePK:293856,00.html

4.7.3. Österreichische Vertretungen
Botschaft

Österreichische Botschaft (mit Zuständigkeit für Kambodscha)

14 Soi Nandha (bei Soi 1), Sathorn Tai Road,

Bangkok 10120, Thailand

Tel. (+66) 2 287 39 70, 2 303 60 57, 2 303 60 59

E-Mail: bangkok-ob@bmaa.gv.at

Internet: http://www.bmeia.gv.at/botschaft/bangkok.html

Außenhandelsstelle

Außenhandelsstelle (mit Zuständigkeit für Kambodscha)

Handelsdelegierter Dr. Gustav Gressel

Chartered Square Building, 14th Floor, Suite 1403152

North Sathorn Road, Bangkok 10500, Thailand

Tel. (+66) 2 268 22 22

E-Mail: bangkok@advantageaustria.org und bangkok@wko.at

Internet: http://wko.at/awo/th

Literatur zu Kapitel 4

3R Knowledge Hub (2008): Healthcare Waste in Asia, Institutions & Insights, http://3rkh.net/3rkh/files/HCWReport20Mar.pdf

Abe, Hitofumi et al. (2007): Potential for rural electrification based on biomass gasification in Cambodia, in: Biomass and Bioenergy 31, 656–664

ADB (2006): Cambodia, Country Synthesis Report on Urban Air Quality Management, Manila

ADB (2007): Country Water Action: Cambodia Phnom Penh Water Supply Authority: An Examplary Water Utility in Asia, http://www.adb.org/water/actions/cam/PPWSA.asp

ADB (2011a): Cambodia: Energy Sector Assessment Strategy and Road Map, 2011-2013, Summary, Manila

ADB (2011b): Country Partnership Strategy: Cambodia 2011-2013, http://www.adb.org/Documents/CPSs/CAM/2011-2013/cps-cam-2011-2013.pdf

Ananth, A. Prem / Prashanthini, V. / Visvanathan, C. (2009): Healthcare waste management in Asia, Waste Management 30 (2010), S. 154-161, http://psp.sisa.my/elibrary/attachments/612_21.pdf

Basani, Marcello / Isham, Jonathan / Reilly, Barry (2008): The Determinants of Water Connection and Water Consumption: Empirical Evidence from a Cambodian Household Survey, World Development Vol. 36, No. 5, S. 953-968

Borongan, Guilberto / Okumura, Shigefumi (2010): Municipal Waste Management Report: Status-quo and Issues in Southeast and East Asian Countries, http://www.environment-health.asia/userfiles/file/Municipal%20Waste%20Report.pdf

Cambodia Environmental Association (2007): Technical Report on National Inventory of used (sic!) of EEE in Cambodia, http://basel.int/techmatters/e_wastes/report_cambodia_11-05-07.pdf

Cambodian Embasssy (2011): Irrigation the key in Cambodia, http://cambodianembassy.org.uk/newsletters/cat11/Cambodia%20Business%20Review%20-%20Irrigation%20the%20Key%20in%20Cambodia%20-%20October%202011.pdf

Camclimate o.J.: CDM in Cambodia; www.camclimate.org.kh/download.php?file=CDM_in_Cambodia.pdf

CDRI (2010): Empirical Evidence of Irrigation Management in the Tonle Sap Basin: Issues and Challenges, CDRI Working Paper Series No. 48, Phnom Penh

Chanrithy, Chhoun (2008): Future challenge of water environmental management in Cambodia, http://www.wepa-db.net/pdf/0809cambodia/11.pdf

CitiesForCleanAir (2010): Clean Air for Smaller Cities in the ASEAN Region, Road Map towards a Clean Air Plan for Phnom Penh, Cambodia, ASEAN-German

Technical Cooperation, www.citiesForCleanAir.org

Clear Air Initiative (o.J.): Cambodia, http://cleanairinitiative.org/portal/node/1176

Das, Binazahk / Chan, Ek Sonn / Visoth, Chea / Pangare, Ganesh / Simpson, Robin (2010): Sharing the Reform Process, IUCN Asia Regional Office, Bangkok

De Lopez, Thanakvaro T. (2003): Assessing Cambodia's potential for bio-energy, Working Paper, The Cambodia Research Centre of Development, http://www.camdev.org/_publications/Bioenergy%20-%20CRCD%20-%20TDL%20-%20December%202003.pdf

Electricity Authority of Cambodia (2009): Report on Power Sector of the Kingdom of Cambodia 2009 Edition, http://www.eac.gov.kh/pdf/reports/Annual%20report%202009.en.pdf

Electricity Authority of Cambodia (2010): Report on Power Sector of the Kingdom of Cambodia 2010 Edition, http://www.eac.gov.kh/pdf/reports/Annual%20Report%202010%20En_final.pdf

Energy & Mining Development Unit East Asia and the Pacific Region (1999): Cambodia Power Sector Strategy, World Bank Report, http://www-wds.worldbank.org/external/default/WDSContentServer/WDSP/IB/1999/09/14/00 0094946_99072307521622/Rendered/PDF/multi_page.pdf

Europäische Union (o.J.): Kambodscha – Europäische Gemeinschaft Strategiepapier für den Zeitraum 2007-2013, http://www.eeas.europa.eu/cambodia/csp/07_13_de.pdf

Global Environment Centre Foundation (2004): Wind Power Project in Mondul Kiri Province, Cambodia, http://gec.jp/main.nsf/en/Activities-CDMJI_FS_Programme-FS200424

Global Environment Centre Foundation (2008): CDM Feasibility Study for Jatropha Biofuel and Power Generation Project in Cambodia, http://gec.jp/main.nsf/en/Activities-CDMJI_FS_Programme-FS200815.

IEA (International Energy Agency) (2011a): Energy Balances of Non-OECD Countries, Paris: OECD/IEA

IEA (International Energy Agency) (2011b): Energy Statistics of Non-OECD Countries, Paris: OECD/IEA

IGES Market Mechanisms Country Fact Sheet Cambodia, 2011 update; http://enviroscope.iges.or.jp/modules/envirolib/upload/984/attach/cambodia_final.pdf

Invent (2011): Waste Quantities and Characteristics, http://www.invent.hs-bremen.de/e-learning_Dateien/Handbook_chapters/Chapter_3.pdf

Invest in Cambodia (2011): Power & Energy, Q3, 2011, http://www.investincambodia.com/oil&gas.htm

ISSOWAMA (2011): Relevant potential impacts and methodologies for environmental impact assessment related to solid-waste management in Asian developing countries, http://wasteportal.net/sites/waste.antenna.nl/files/ISSOWAMA%20D%203.1%20Rport%20on%20relevant%20potential%20impacts%20and%20methodologies%20for%20EIA%20related%20to%20SWM%20in%20Asian%20developing%20countries_Revision%209%20June.pdf

Kamal, Uy (2011): Cambodia: Current Status of GHG Inventory and SNC, Vortrag im Rahmen des Low Carbon Society Development Plan Scoping Meeting, Jänner 2011, http://lcs-rnet.org/meetings/2011/01/pdf/P1_3_Uy.pdf

Koch, Savath (2011): Waste Management in the Coastal Area of Cambodia, http://www.md.go.th/safety_environment/Environment/6_PresentationParticipant/6_4CAMBODIA/Cambodia.pdf

Kunmakara, May (2011): Oil refinery to be built, 05.12.2011, http://www.phnompenhpost.com/index.php/2011120553135/Business/oil-refinery-to-be-built.html

Kuong, Khov / Leschen, William / Little, David (2007): Food, incomes and urban waste water treatment in Phnom Penh, Cambodia, http://www.aqua.stir.ac.uk/public/aquanews/downloads/issue_33/33P8_10.pdf

Marubeni Corporation (2005): CDM/JI Feasibility Studies, Win Power Project in Mondul Kiri Province, Cambodia, summary Report, http://gec.jp/main.nsf/3d2318747561e5f549256b470023347f/9884d872d7ff8e4f492576e7003fdfa2/$FILE/200424.pdf

Ministry of Cambodia (2002): Cambodia's Initial National Communication under the United Nations Framework Convention on Climate Change. http://unfccc.int/resource/docs/natc/khmnc1.pdf

Ministry of Environment Cambodia (2006): National Implementation Plan for the Stockholm Convention on Persistent Organic Pollutants in Cambodia, http://www.pops.int/documents/implementation/nips/submissions/nip-cambodia-eng.pdf

Ministry of Environment Cambodia (2010): Municipal Solid Waste Management Practices and Challenges in Cambodia, http://www.uncrd.or.jp/env/3r_02/presentations/BG1/1-1%20Cambodia-2nd-3R-Forum.pdf

Murphy, H.M. / Sampson, M. / McBean, E. / Farahbakhsh, K. (2009): Influence of household practices on the performance of clay pot water filters in rural Cambodia, Desalination 248 (2009), S. 562-569

Open Development Cambodia (o.J.a): Oil Gas Blocks, http://www.opendevelopmentcambodia.net/kml-maps/oil_gas_blocks.pdf

Open Development Cambodia (o.J.b): Hydropower; http://www.opendevelopmentcambodia.net/kml-maps/hydropower.pdf;

Open Development Cambodia (o.J.c): Hydropower Transmissions, http://www.opendevelopmentcambodia.net/kml-maps/hydropower_transmissions.pdf

Parizeau, Kate / Maclaren, Virginia / Chanthy, Lay (2006): Waste characterization as an element of waste management planning: Lessons learned from a study in Siem Reap, Cambodia; Resources, Conservation and Recycling, Vol. 49, Issue 2, S. 110-128

Pech, Sokhem et al. (2010): Sustainability assessment of Cambodia's electricity planning, http://www.mpowernetwork.org/Knowledge_Bank/Key_Reports/PDF/Research_Reports/HSAP_Rapid%20Assessment_Cambodia.pdf

Permanent Mission of the Kingdom of Cambodia to the United Nations (2009): Cambodia New, Cambodia Installs Over 500 Solar Energy Electricity Generations in Rural Areas, in: Monthly Bulletin July 2009; http://www.un.int/cambodia/Bulletin_Files/July09/CBD_Installs.pdf

Phnom Penh Governors News (2011): JICA Discussed Transport Master Plan 2035 with Governor, 19.10.2011; http://www.phnompenh.gov.kh/news-jica-discussed-transport-master-plan-2035-with-governor-2047.html

Phnom Penh Post (2011): Officials kick up stink over waste in Sihanoukville, 20.05.2011, http://www.eco-business.com/news/officials-kick-up-stink-over-waste-in-sihanoukville/

Ponlok, Tin (2004): Climate Change and the Clean Development Mechanisms, The Cambodian Research Centre for Development, Phnom Penh.

Ponlok, Tin (2005): CDM Development in Cambodia, Vortrag bei: Fourth Regional Workshop and Training on CD4CDM, http://www.cd4cdm.org/asia/fourth%20regional%20workshop/CDMdevelopmentCambodia_Ponlok.ppt

Punlork, Sourn (2008): State of Medical Waste in Cambodia, http://www.3rkh.net/3rkh/ files/3RKH_TWGSHW1_Cambodia.pdf

Regional 3R Forum in Asia (2011): Country Analysis Paper Cambodia (Draft), http://www.uncrd.or.jp/
env/spc/docs/3rd_3r/Country_Analysis_Paper_Cambodia.pdf

Resource Development International (2011): Summary of Groundwater Data, http://www.rdic.org/groundwater-summary-data.php

Reuy, Rann / Montano, Diana (2012): Largest-ever Cambodian solar project launched, in: The Phnom Penh Post, 18.01.2012, http://www.phnompenhpost.com/index.php/2012011853987/Business/largest-ever-cambodian-solar-project-launched.html

Rural Electrification Fund (2008): Strategic Plan for Rural Electrification Fund Project and Beyond, http://www.ref.gov.kh/eng/text/Strategic%20Plan_Eg.pdf

Rural Electrification Fund (2011): Report on Rural Electrification Fund of the Kingdom of Cambodia for the Year 2010, http://www.ref.gov.kh/eng/text/AnnualRep.2010.pdf

Salam P. Abdul et. al. (2010): The Status of Biomass Gasification in Thailand and Cambodia, Energy Environment Partnership (EEP), Mekong Region, Asian Institute of Technology, October 2010, http://www.eepmekong.org/_downloads/Biomass_Gasification_report_final-submitted.pdf

Sokha, Chrin (2008): State of Wastewater Treatment in Cambodia, http://www.wepa-db.net/pdf/0809cambodia/8.pdf

Sokha, Chrin (o.J.a): The Implication of Environmental Legal Tools to Water Environment in Cambodia, http://www.wepa-db.net/pdf/0810forum/paper21.pdf

Sokha, Chrin (o.J.b): Water Environmental Management in Cambodia, http://www.wepa-db.net/pdf/0712forum/paper11.pdf

Sun, Prach / Ponlock, Tin (2003): Assessment of Greenhouse Gas Mitigation Technologies for Non-Energy Sector in Cambodia, Cambodia Climate Change Enabling Activity Project, Phase 2 CMB/97/G31, http://unfccc.int/ttclear/pdf/TNA/Cambodia/Cambodia-2.pdf

Sunthan, Huong (2011): State of water quality in Cambodia (problems and causes), http://www.wepa-db.net/pdf/0809cambodia/6.pdf

The Renewable Energy and Energy Efficiency Partnership (2010): Policy DB Details: Cambodia, www.reep.org

Umemiya, Chisa (2006): Greenhouse Gas Inventory Development in Asia, Center for Global Environmental Research, National institute of Environmental Studies, Japan, http://www.nies.go.jp/ gaiyo/media_kit/9.WGIA_I067.pdf

UNFCCC (o. J.): Technology Needs Assessment Reports by Countries: Assessment of Greenhouse Gas Mitigation Technologies for Energy Sectors in Cambodia; http://unfccc.int/ttclear/pdf/TNA/ Cambodia/Cambodia-1.pdf

United Nationals Development Programme (2009): Improving Local Service Delivery for the MDGs in Asia: Water and Sanitation Sector in Cambodia, http://regionalcentrebangkok.undp.or.th/practices/ governance/documents/KHM-WaterSanitationSector.pdf

United Nations (o.J.): Draft Cambodia Energy Sector Strategy, http://www.un.org/esa/agenda21/natlinfo/ countr/cambodia/energy.pdf

United Nations Environment Programme (2007): E-Waste Volume 1, http://www.unep.or.jp/ietc/Publications/ spc/EWasteManual_Vol1.pdf

United Nations Environment Programme (2008): Policy and Regulations – Phnom Penh (Cambodia), http://www.unep.or.jp/ietc/GPWM/data/T2/EW_1_P_PolicyAndRegulations_PhnomPenh.pdf

University of Gothenburg (2009): Cambodia Environmental and Climate Change Policy Brief, http://www.sida.se/Global/Countries%20and%20regions/Asia%20incl.%20Middle

%20East/Cambodia/Environmental%20Policy%20Brief%20Cambodia.pdf

Visalsok, Touch (2011a): Waste Management through Composting, http://www.invent.hs-bremen.de/e-learning_Dateien/Presentations/Cambodia%20-%20Waste%20Management%20through%20Composting.pdf

Visalsok, Touch (2011b): Framework Conditions for Waste Management in Cambodia, http://www.invent.hs-bremen.de/e-learning_Dateien/Presentations/Cambodia%20-%20Waste%20management.pdf

Watcharejyothin, Mayurachat / Shrestha, Ram M. (2009): Regional energy resource development and energy security under CO2 emission constraint in the greater Mekong sub-region countries (GMS), in: Energy Policy 37, 4428-4441.

Water and Sanitation Program (2008): Economic Impacts of Sanitation in Cambodia Summary, https://www.wsp.org/wsp/sites/wsp.org/files/publications/529200894119_ESI_Short_Report_Cambodia.pdf

Weinland, Don / Seangly, Phak (2011): PM opens Kampot Hydrodam, Phnom Penh Post, 08.12.2011, http://www.phnompenhpost.com/index.php/2011120853228/Business/pm-opens-kampot-hydrodam.html.

WEPA (o.J.): Legislative Framework: Cambodia, http://www.wepa-db.net/policies/measures/currentsystem/ cambodia.htm

World Bank (2011a): Improved water source, rural, http://data.worldbank.org/indicator/SH.H2O.SAFE.RU.ZS

World Bank (2011b): Cambodia Environment, http://web.worldbank.org/WBSITE/EXTERNAL/COUNTRIES/EASTASIAPACIFICEXT/EXTEAPREGTOPENVIRONMENT/0,,contentMDK:20266319~menuPK:537827~pagePK:34004173~piPK:34003707~theSitePK:502886,00.html

World Bank, o.J., Database: World Development Indicators&Global Development Finance. www.worldbank.org

World Health Organization (2005): Healthcare waste management (HCWM), http://www.healthcarewaste.org/ en/country-infos.html?id=KHM

Interviews zu Kapitel 4

Chau, Kim Heng, Director, Cambodian Education and Waste Management Organization, persönliches Interview, 19.11.2010

Gridling, Max, Director, Cosmos Services, persönliches Interview, Phnom Penh 16.11.2010

Koch, Savath, DDG, General Directorate of Technical Affairs, Ministry of Environment, persönliches Interview,16.11.2010

Mao, Hak, DDG of Technical Affairs and Director, Department of Hydrology and

River Works, Ministry of Water Resources and Meterology, persönliches Interview, 25.11.2010

Reinisch, Andreas, Senior Advisor for Governance and Public Administration, Deutscher Entwicklungsdienst, persönliches Interview, 23.11.2010

Sachak, Ponh, Director General of Technical Affairs, Ministry of Water Resources and Meteorology, persönliches Interview, 25.11.2010

Sieng, Em Wounzy, Deputy Municipality Governor Battambang Province and Municipality, persönliches Interview, 23.11.2010

Soun, Sopheak, TITEL, Siemens, persönliches Interview Phnom Penh, 18.11.2010

Uch, Rithy, Social marketing, Operation and maintenance, BORDA-COMPED, persönliches Interview, Phnom Penh, 19.11.2010

Visoth, Chea, Assistant General Director, Phnom Penh Water Supply Authority, persönliches Interview, 26.11.2010

5. Herausforderungen und Möglichkeiten in Vietnam und Kambodscha - Einschätzungen von Experten

Wie bereits an früherer Stelle erwähnt, haben die Autorinnen während zwei Rechercheaufhalten zahlreiche Interviews mit Experten in Kambodscha und Vietnam geführt. Diese Gespräche mit Vertretern von Ministerien und anderen öffentlichen Stellen, NGOs, Unternehmen und Mitgliedern der österreichischen Botschaft und Handelsdelegation haben einen tiefer gehenden Einblick in Möglichkeiten und Herausforderungen für Geschäftstätigkeit in Vietnam und Kambodscha gewährt. Dieser Abschnitt soll einen Teil der Erfahrungen aus diesen Interviews vermitteln. Dabei werden jeweils Potentiale und Probleme in den Bereichen Umwelt und Geschäftstätigkeit behandelt. Die Aussagen einzelner Interviewpartner werden an dieser Stelle – auch auf deren Wunsch – nicht den Gesprächspartnern zugeordnet.

5.1. Vietnam

5.1.1 Vorteile Geschäftstätigkeit Vietnam
Umweltbereich

Umweltbewusstsein

- Seit dem *Vedan*-Umweltskandal (siehe dazu Abschnitt 3.1.2. Grundlagen des Umweltrechts) sind Umweltfragen für die Regierung wichtiger geworden.

Umweltpotentiale

- Der wachsende Markt und das steigende Umweltbewusstsein der Regierung machen Vietnam zu einem interessanten Markt für ausländische Umwelttechnologien, berichteten mehrere Befragte. Aufgrund von geographischen Gegebenheiten – die lange Küste und flache Flussdeltas – wird Vietnam besonders vom Klimawandel betroffen. Auch dieser Umstand bringt Potentiale für Umweltinvestitionen mit sich.

- Zusätzlich zu den in Kapitel 3 behandelten Geschäftsmöglichkeiten im Umweltbereich gibt es laut einiger Interviewpartner in Vietnam auch gute Potentiale im Bereich nachhaltiger Tourismus. Weiters besteht ein Bedarf an Aufforstung, Verhinderung von Landerosion und an der Beseitigung der Umweltfolgen des Einsatzes von Entlaubungsmitteln im Vietnamkrieg.

- Vietnam braucht ausländische Technologien und Know-how aus dem Ausland, dabei sind oftmals günstige technologische Lösungen gefragt.

- Besonders in den Industriezonen gibt es einen umfangreichen Bedarf an Umweltinvestitionen.

- Nicht nur staatliche Projekte, sondern auch *Business to Business*-Aufträge im Umweltbereich stellen eine gute Möglichkeit zum Markteintritt in Vietnam dar.

Rahmenbedingungen für Geschäftstätigkeit

Vertragsverhandlungen

- Bei Vertragsverhandlungen werden bereits verhandelte Vertragspunkte – im Gegensatz zu anderen Ländern in Asien – nicht wieder aufgerollt, meinten mehrere Befragte.

Management

- Die Mitarbeiter sind gewillt auch am Samstag und Sonntag Überstunden zu machen, wenn ein Projekt gerade in der Endphase ist, berichtete ein Befragter.
- Mehrere Interviewpartner meinten, dass vietnamesische Mitarbeiter loyal wären und nicht häufig den Job wechseln würden; ausschlaggebend für den Verbleib im Unternehmen sei nicht nur das Gehalt, sondern auch der Führungsstil des Vorgesetzten und der Ruf des Unternehmens, meinten diese Interviewten. Schulungen und Fortbildungen sind wichtige Motivationsfaktoren.

Kulturelle Aspekte

- Laut mehrerer Interviewpartner gibt es im Geschäftsleben keine Unterschiede in der Behandlung von männlichen und weiblichen Managern, wenngleich zwei Befragte meinten, dass Managerinnen nicht als gleichwertig akzeptiert werden.
- Österreich und österreichische Technologie haben in Vietnam einen sehr guten Ruf, berichtete ein Interviewpartner.

5.1.2. Herausforderungen und Probleme
Umweltbereich

Umweltbewußtsein

- Wirtschaftlicher Fortschritt wird als viel wichtiger erachtet als Umweltschutz, daher werden viele Umweltmaßnahmen nicht so umgesetzt, wie es sein sollte. Unternehmen setzen Umweltvorgaben mitunter nur dann um, wenn das Einsparungen oder Profite mit sich bringt.
- Es fehlt in der Bevölkerung an Wissen über die Folgen von Umweltverschmutzung.

Umweltrecht und Umweltstatistiken

- Die Umsetzung der umweltrechtlichen Vorgaben ist teilweise ungenügend, und es gibt Lücken im Umweltrecht.
- Ein Befragter aus dem Umweltbereich meinte dass in Vietnam „Umweltstatistiken immer falsch" wären, denn man „will nur schöne Zahlen haben".

Rahmenbedingungen für Geschäftstätigkeit

Rechtliche Lage und administrative Rahmenbedingungen

- Gerichtsverfahren sind langwierig, berichteten die meisten Interviewpartner, außergerichtliche Einigungen sind vorzuziehen.
- Es gibt viele bürokratische Hürden, die Bürokratie in Vietnam „ist eine Herausforderung".
- Korruption ist auch in Vietnam ein Thema.

Management

- Entgegen der Aussage anderer Interviewpartner berichteten drei Befragte, dass es in Vietnam bei den Mitarbeitern starke Fluktuation gibt.

Verschiedene Aspekte

- Der Preisdruck ist bei Verhandlungen sehr hoch, und die Kunden sind mehr am Preis als an der technischen Lösung interessiert, berichtete ein Befragter.
- Bei öffentlichen Aufträgen sei es wichtig, diese innerhalb der Amtsperiode des auftraggebenden Politikers auszuführen, meinte ein Interviewpartner. Nach Ablauf einer Amtszeit werden Politiker und Beamte auf vielen Ebenen ausgetauscht, dann könnte es passieren, dass ein Projekt nicht durchgeführt wird.
- Sehr hohe Immobilienpreise in den Städten, „mindestens so hoch wie in Europa", berichteten zwei Befragte.

5.2. Kambodscha

Im Vergleich zu Vietnam sind in Kambodscha deutlich weniger ausländische Unternehmen vertreten, und die Tätigkeit beschränkt sich meist auf einige wenige Branchen, besonders auf die Textilindustrie. Zu den Interviewpartnern gehörten Vertreter von Ministerien, der Stadtverwaltung in Battambang, der Österreichischen Außenhandelsstelle in Bangkok (zuständig für Kambodscha), der Deutschen Botschaft in Kambodscha, von NGOs und ausländische – vor allem deutsche – Unternehmen verschiedener Branchen. Österreichische Unternehmen waren in Kambodscha zum Zeitpunkt der Interviews (November 2010) laut der Österreichischen Außenhandelsstelle nicht vertreten.

5.2.1. Vorteile Geschäftstätigkeit Kambodscha
Umweltbereich

Umweltbewusstsein

- Ein Befrager meinte, dass das Umweltbewusstsein bei der städtischen Bevölkerung im Steigen ist, nicht zuletzt aufgrund der Arbeit vieler NGOs auf diesem Gebiet.

Rahmenbedingungen für Geschäftstätigkeit

Unternehmensgründung

- Mehrere Gesprächspartner meinten, dass eine Unternehmensgründung in Kambodscha leicht und relativ kostengünstig wäre. Ein Interviewpartner sagte, dass es in Kambodscha einfacher wäre einen Betrieb zu gründen als in anderen Staaten, auf alle Fälle einfacher als in Österreich.

Management

- Kambodschanische Mitarbeiter wurden von mehreren Interviewpartnern als sehr lernwillig beschrieben. Der Wunsch unternehmerisch tätig zu werden ist laut einem Interviewpartner weit verbreitet.

Kulturelle Aspekte

- Ein Gesprächspartner nannte Kambodscha eine „nicht herausfordernde Gesellschaft" – die Leute sind höflich und bescheiden, relativ pünktlich, arbeiten gut in Teams oder alleine und können Fehler zugeben.
- Beziehungsnetzwerke seien essentiell in Kambodscha, ein lokaler Partner mit Anbindung an Familienclans wäre sinnvoll; da es ein kleines Land ist, sei es leicht Kontakte zu knüpfen.
- Ein Interviewpartner berichtete dass Frauen im Geschäftsleben, vor allem in den Städten, gleichwertig behandelt werden, nur in der Regierung und Verwaltung sind Frauen benachteiligt. Ein weiterer Interviewter sagte, dass Bewohner der Hauptstadt an den Umgang mit westlichen Frauen im Rahmen des Berufslebens aufgrund der zahlreichen ausländischen NGOs „gewöhnt" wären.

Verschiedene Aspekte

- Das Land ist nach den vielen Jahren der Konflikte viel sicherer geworden.

5.2.2. Herausforderungen und Probleme
Umweltbereich

Umweltbewusstsein

Auch wenn das Umweltbewusstsein in den größeren Städten steigend ist, betrifft das nur einen relativ geringen Teil der Gesamtbevölkerung. Ein bedeutender Teil der Bevölkerung lebt unter der Armutsgrenze und für jene sind Umweltfragen nicht von Bedeutung. Daher sind gefährliche Praktiken, wie etwa die Entsorgung von Altöl im Boden oder das Verbrennen von gefährlichem Abfall, weit verbreitet.

Umweltgesetzgebung **und staatliche Maßnahmen**

Viele Umweltgesetze und -standards werden nur ungenügend umgesetzt. Es gibt vor allem auf lokaler Ebene zu wenig Kapazität für das Monitoring, aber auch Korruption kann eine Rolle bei der mangelnden Umsetzung von Vorgaben spielen. Die staatlichen Gelder für Umweltmaßnahmen werden in den großen und zentralen Regionen auch in diesem Bereich genützt, in den ärmeren und peripheren Regionen werden diese Mittel für andere Zwecke eingesetzt.

Potentiale
- Die Finanzierung für Umweltschutzprojekte ist gänzlich auf Entwicklungshilfe angewiesen. Ein Befragter sagte, dass „Kambodscha nicht gewillt ist zu investieren, wenn Ausländer dabei sind, denn sie sind gewohnt, dass Entwicklungshilfe geleistet wird." Kambodscha ist im Rahmen der Österreichischen Entwicklungszusammenarbeit kein Schwerpunktland, die Geschäftsaussichten für österreichische Umwelttechnologieunternehmen sind insgesamt eher schwierig.

Rahmenbedingungen für Geschäftstätigkeit
Rechtliche Lage und administrative Rahmenbedingungen
- Mehrere Befragte sagten, dass es an notwendigem Gesellschaftsrecht mangelt.
- Wenn Verträge nicht eingehalten werden, lohnt es sich nicht vor Gericht zu gehen – dies wird rasch sehr teuer, und man müsse „jede Menge *table money* für Richter bereit halten", berichtete ein Interviewter. Ein anderer sagte, dass Gerichte in Kambodscha nicht unabhängig sind; generell berichteten mehrere Befragte über mangelnde Rechtssicherheit.
- Machtkonzentration: „Eine Hand von Familien beherrscht das Land", berichtete ein Interviewpartner.
- Auch wenn die Unternehmensgründung wiederholt als einfach beschrieben wurde, gibt es infolge einiger Gesprächspartner generell viele bürokratische Hürden und laut einem Befragten „widersprüchliche Vorgaben" für ausländische Unternehmen.
- Korruption ist laut mehrerer Interviewpartner weit verbreitet; laut einiger Gesprächspartner ist es aber für ausländische Unternehmen auch möglich in Kambodscha erfolgreich tätig zu sein, ohne an Korruption teilzunehmen.

Management
- Der Mangel an gut ausgebildeten Mitarbeitern wurde mehrfach genannt.

Kulturelle Aspekte
- Im Gegensatz zu positiven Äußerungen einiger Befragter bezüglich Pünktlichkeit meinte ein Interviewpartner, dass Leute regelmäßig zu spät kämen und, dass man bei Abmachungen oder Lieferungen nicht erwarten sollte, dass vereinbarte Fristen eingehalten werden.
- Ein Befragter meinte, dass westliche Frauen es im Geschäftsleben in Kambodscha schwer hätten.

Verschiedene Aspekte
- Die Infrastruktur ist „nicht wie sie sein sollte".
- Hohe Energiekosten – laut einem Befragten teuerster Strom in Südostasien.

Anhänge

Anhang 1

	Durchschnittliche Bevölkerung (in 1.000 Personen)	Fläche (in km²)	Bevölkerungs-dichte (Personen / km²)
Gesamtes Land	86024,6	331051,4	260
Red River Delta	19625	21063,1	932
Hà Nội	6472,2	3344,6	1935
Vĩnh Phúc	1003	1231,8	814
Bắc Ninh	1026,7	822,7	1248
Quảng Ninh	1146,6	6099	188
Hải Dương	1706,8	1650,2	1034
Hải Phòng	1841,7	1522,1	1210
Hưng Yên	1131,2	923,5	1225
Thái Bình	1784	1567,4	1138
Hà Nam	786,4	860,2	914
Nam Định	1826,3	1652,5	1105
Ninh Bình	900,1	1389,1	648
Northern midlands and mountain areas	11095,2	95338,8	116
Hà Giang	727	7945,8	91
Cao Bằng	512,5	6724,6	76
Bắc Kạn	295,3	4859,4	61
Tuyên Quang	727,5	5870,4	124
Lào Cai	614,9	6383,9	96
Yên Bái	743,4	6899,5	108
Thái Nguyên	1127,4	3526,2	320
Lạng Sơn	733,1	8323,8	88
Bắc Giang	1560,2	3827,8	408

Phú Thọ	1316,7	3532,5	373
Điện Biên	493	9562,9	52
Lai Châu	371,4	9112,3	41
Sơn La	1083,8	14174,4	76
Hoà Bình	789	4595,2	172
North Central area and Central coastal area	***18870,4***	***95885,1***	***197***
Thanh Hoá	3405	11133,4	306
Nghệ An	2919,2	16490,7	177
Hà Tĩnh	1230,3	6025,6	204
Quảng Bình	848	8065,3	105
Quảng Trị	599,2	4747	126
Thừa Thiên Huế	1088,7	5062,6	215
Đà Nẵng	890,5	1283,4	694
Quảng Nam	1421,2	10438,4	136
Quảng Ngãi	1219,2	5152,7	237
Bình Định	1489	6039,6	247
Phú Yên	863	5060,6	171
Khánh Hoà	1159,7	5217,6	222
Ninh Thuận	565,7	3358	168
Bình Thuận	1171,7	7810,4	150
Central Highlands	***5124,9***	***54640,6***	***94***
Kon Tum	432,9	9690,5	45
Gia Lai	1277,6	15536,9	82
Đắk Lắk	1733,1	13125,4	132
Đắk Nông	492	6515,6	76
Lâm Đồng	1189,3	9772,2	122
South East	***14095,7***	***23605,2***	***597***
Bình Phước	877,5	6874,4	128
Tây Ninh	1067,7	4049,2	264
Bình Dương	1497,1	2695,2	555
Đồng Nai	2491,3	5903,4	422

Bà Rịa - Vũng Tàu	996,9	1987,4	502
TP.Hồ Chí Minh	7165,2	2095,5	3419
Mekong River Delta	**17213,4**	**40518,5**	**425**
Long An	1438,5	4493,8	320
Tiền Giang	1673,9	2484,2	674
Bến Tre	1255,8	2360,2	532
Trà Vinh	1004,4	2295,1	438
Vĩnh Long	1029,8	1479,1	696
Đồng Tháp	1667,7	3375,4	494
An Giang	2149,2	3536,8	608
Kiên Giang	1687,9	6346,3	266
Cần Thơ	1189,6	1401,6	849
Hậu Giang	758	1601,1	473
Sóc Trăng	1293,2	3311,8	390
Bạc Liêu	858,4	2501,5	343
Cà Mau	1207	5331,6	226

Anhang 1: Bevölkerung, Fläche und Bevölkerungsdichte in Vietnams Regionen, Daten von 2009

Quelle: General Statistics Office of Vietnam, 2009; eigene Darstellung

Anhang 2

Mitigation options	Cambodia	Vietnam
Energy efficiency		
Industrial boiler	--	xx
Cement manufacture (blending old fuels)	--	x
Substitutions of incandescent lamps with fluorescent lamps	x	x
Cooking stoves	x	xx
Energy savings in building	x	xx
Waste heat recovery in heavy industry (steel, paper industries)	--	x
Energy efficiency – Power generation		
Thermal renovation and modernisation	--	xx
Cogeneration	x	xx
Fugitive emissions control		
Landfill gas (LFG)	x	xx
Associated gas from oil production	--	xx
Methane capture from agriculture waste	x	xx
Coal mine / bed methane	--	x
Industrial gas		
N_2O – nitric acid	--	x
PFC aluminium	--	x
N_2O – adipic acid	--	x
HFC 23	--	--
Renewable energy		
Wind power	--	x
Mini hydro power plants	x	xx
Large hydro power plants	--	xx
Solar power	x	xx
Geothermal power plant	x	x
Biomass	x	xx
Transportation		

Umweltherausforderungen und -potentiale in Vietnam und Kambodscha

Fuel switching	--	x
Public transportation	x	x

x:small size available xx:medium size available   xxx:large size available   -- not available

Anhang 2: Sektorale CDM-Möglichkeiten in Kambodscha, Laos und Vietnam

Quelle: Hanh / Michaelowa / de Jong 2006, Table 5; eigene vereinfachte Darstellung

Stichwortverzeichnis

Abfall 17, 18, 19, 23, 27, 41, 55, 56, 57, 58, 59, 60, 61, 62, 63, 64, 65, 66, 115, 117, 118, 119, 120, 121, 150

Abfallmanagements 66

Abwasser 25, 27, 43, 45, 46, 47, 49, 50, 109, 111

Arbeitslosigkeit 23

Armut 23, 24, 27, 28, 29, 112

Armutsgefahr 23

ASEAN 13, 18, 21, 24, 30, 37, 125, 139

Asia-Pacific-Economic-Cooperation (APEC) 24

Ausbildungsniveau 23

Batterien 65, 121, 132

Beschäftigungsquote 23, 32

Beschäftigungsrate 23

Bevölkerungskonzentration 27

Bevölkerungszahlen 34

BOT-Projekte 55

Bruttoinlandsprodukt 13, 21, 22, 30, 77

Cambodian National Petroleum Authority (CNPA) 132

Certified Emission Reductions 13, 76

Clean Development Mechanism 13, 73, 74, 97

designierte nationale Behörde 75

Dienstleistungssektor 22, 23, 31, 69

Direktinvestitionen 17, 18, 24, 25, 32, 36, 114

Disparitäten 21, 23, 27, 32, 35

Doi Moi 21

Dollarisierung 31

Electricité du Cambodge (EDC) 131

Electricity Authority of Cambodia 131, 132, 133, 137, 140

Electricity of Viet Nam (EVN) 76, 81

Elektrifizierung 80, 83, 85, 91, 128, 130, 132, 133, 134, 136

Elektrizität 25, 77, 79, 81, 83, 88, 130, 132, 133, 134, 135

Elektrizitätsnachfrage 79, 130

Elektrizitätspreise 81, 83

Emissionen 67, 68, 69, 72, 73, 74, 88, 122, 123, 127

Energie 17, 18, 19, 41, 62, 67, 72, 73, 74, 76, 77, 78, 79, 80, 82, 85, 86, 87, 122, 123, 125, 127, 128, 130, 132, 133, 134

Energieeffizienz 17, 73, 76, 82, 83, 84, 86, 125, 126, 127, 128, 129, 131

Energiekapazitäten 77, 137

Energiemasterplan 77

Energienachfrage 77, 78, 83, 128

Energienetzwerk 77

Energieproduktion 83, 84, 86, 128, 130

Energiequelle 79, 84, 86, 131, 133

Energieressourcen 80, 83

Energieverbrauch 78, 128

erneuerbare Energiequellen 83, 85, 134

E-Waste 59, 65, 118, 120, 143

Exporte 22, 23, 24, 29, 30, 31, 33

Finanzierungsmöglichkeiten 19, 42,

88, 133, 135, 136

fossile Brennstoffe 67

Grundwasserressourcen 43, 105

Hausmüll 56

Industrieabfall 58, 63, 66, 117, 119, 121

Inflationsrate 22, 31

Kohlendioxid 67, 68

kommunale Abfälle 55, 56

kommunale Abwässer 17, 46

Konsumentenpreisindex 23, 31

Kyoto-Protokoll 74, 75

Landwirtschaft 22, 23, 25, 31, 35, 44, 46, 47, 48, 49, 104, 105, 109, 111, 113, 122, 130

Luftqualität 17, 18, 70, 76, 123, 125, 126

Luftreinhaltung 70, 71, 74, 76, 126

Luftverschmutzung 17, 67, 68, 69, 70, 71, 72, 117, 121, 122, 123, 124, 125, 126

Ministry of Natural Resources and Environment (MONRE) 41, 92

Müllmenge 56

Müllsammlung 56, 58, 66, 117, 121

National Adaptation Programme of Action To Climate Change (NAPA) 125

Phnom Penh Waste Management 117

Power Development Plan (Power Master Plan) 83

Project Designed Document 75

Project Idea Note 75

Rural Electrification Fund 136, 137, 142

Solarenergie 87, 134, 135

Umweltschutzverwaltung 41, 103

Umweltskandal 42, 147

Viet Nam Asian Development Fund 92

Viet Nam National Energy Efficiency Program (VNEEP) 84

Vietnam Environment Protection Fund (VEPF) 41, 92

Wasser 19, 27, 28, 41, 43, 44, 45, 49, 51, 52, 53, 54, 104, 105, 106, 107, 108, 111, 112, 113, 114, 115

Wasserkraftanlagen 86

Wasserkraftwerke 85, 86, 134

Wassermanagement 50

Wasserqualität 47, 48, 50, 54, 87, 113

Wasserverbrauch 44, 45

Wasserverschmutzung 41, 47, 48, 50, 52, 110, 113, 114

Wasserversorgung 25, 43, 44, 46, 49, 51, 52, 104, 105, 106, 107, 111, 112, 125

Windenergie 73, 84, 85, 86, 88, 135

Windenergieturbine 88

Wirtschaftskrise 17, 18, 21, 22, 23, 30, 32

i want morebooks!

Buy your books fast and straightforward online - at one of world's fastest growing online book stores! Environmentally sound due to Print-on-Demand technologies.

Buy your books online at
www.get-morebooks.com

Kaufen Sie Ihre Bücher schnell und unkompliziert online – auf einer der am schnellsten wachsenden Buchhandelsplattformen weltweit! Dank Print-On-Demand umwelt- und ressourcenschonend produziert.

Bücher schneller online kaufen
www.morebooks.de

VDM Verlagsservicegesellschaft mbH
Heinrich-Böcking-Str. 6-8　　Telefon: +49 681 3720 174　　info@vdm-vsg.de
D - 66121 Saarbrücken　　　Telefax: +49 681 3720 1749　　www.vdm-vsg.de

Printed by Books on Demand GmbH, Norderstedt / Germany